四川省产教融合示范项目系列教材

U0616656

人工智能与机器学习
实训教程（初级）

唐 鹏　黄德青　秦 娜　权 伟◎编著

西南交通大学出版社
·成 都·

图书在版编目（CIP）数据

人工智能与机器学习实训教程. 初级 / 唐鹏等编著
. -- 成都：西南交通大学出版社，2024.4
ISBN 978-7-5643-9654-1

Ⅰ．①人… Ⅱ．①唐… Ⅲ．①人工智能 – 教材②机器
学习 – 教材 Ⅳ．①TP18

中国国家版本馆 CIP 数据核字（2024）第 008963 号

Rengong Zhineng yu Jiqi Xuexi Shixun Jiaocheng
人工智能与机器学习实训教程（初级）

唐 鹏　黄德青　秦 娜　权 伟／**编著**　　　责任编辑／李华宇
　　　　　　　　　　　　　　　　　　　　封面设计／吴　兵

西南交通大学出版社出版发行
（四川省成都市金牛区二环路北一段 111 号西南交通大学创新大厦 21 楼　610031）
营销部电话：028-87600564　　　028-87600533
网址：http://www.xnjdcbs.com
印刷：四川森林印务有限责任公司

成品尺寸　185 mm×260 mm
印张　10　　字数　237 千
版次　2024 年 4 月第 1 版　　　印次　2024 年 4 月第 1 次

书号　ISBN 978-7-5643-9654-1
定价　32.00 元

课件咨询电话：028-81435775

　　2022 年，科技部、教育部、工信部等六部门印发《关于加快场景创新以人工智能高水平应用促进经济高质量发展的指导意见》，明确提出鼓励在制造、农业、物流、金融、商务、家居等重点行业深入挖掘人工智能技术应用场景，促进智能经济高端高效发展。高校对于人工智能技术的教育培训是促进人工智能发展的重要组成部分。在当前信息化、智能化如火如荼的背景下，许多高校电子类专业的本科或研究生培养方案中都设置了Python 语言、机器学习、深度学习等课程，不少企业也开始注重对人工智能的投入，如百度自动驾驶、华为语音交互等。

　　本书撰写的初衷，是为"人工智能与机器学习"课程提供翔实的实训项目指导。尽管人工智能领域的相关课程在当下是高等教育的热门内容，但我们在该课程开课之初调研发现，市面上并没有专用于电子类专业的成体系实训教材。目前国内关于人工智能的书籍较多，大多通过一些简单实例来引入和学习深度学习理论，虽然可以让读者很轻松地学习，但在未深入实践的情况下很难做到深入理解和熟练运用，此外，部分教材缺少相应的工程项目任务来加深对所学理论的理解和掌握。该现状促使我们根据课堂实践和相关科研经验着手编写了本书。本书凝练了西南交通大学电气工程学院关于人工智能大量的研究工作，通过对热点 AI 项目复现、轨道交通项目实训等课程，让学生更好地感受人工智能广阔范畴下各种算法的优缺点、思想和概念，使原本很抽象晦涩的数学问题变得直观、生动。

　　本书设计的主旨是服务于计算机专业之外的广大工科学生，通过丰富的应用案例和实际动手实践，普及人工智能技术的基本原理和应用技术。本书特别针对于轨道交通领域的实践需求，着重于培养学生动手解决实际工程问题的能力。本书所涉及实验皆在Jupyter Notebook 环境中执行，力求书面和实验内容一致。本书内容主要划分六个部分：

　　第一部分包括第 1 章~第 3 章，介绍实验的准备工作，主要包括 Python 语言、Anaconda 发行版、Jupyter Notebook 交互式计算环境、Markdown 语法等基础概念和使用方法。

　　第二部分包括第 4 章~第 8 章，介绍 Python 语言及其科学计算相关库的使用。其中，科学计算相关库包括 NumPy 和 SciPy 科学计算库、Matplotlib 数据可视化库、Pandas 数据分析工具和 SymPy 符号运算库等。

　　第三部分包括第 9 章~第 14 章，介绍以符号主义为代表的经典人工智能技术，包括状态空间搜索、图的遍历、最短路径算法、A*搜索算法、对抗搜索算法和基于 Neo4J 的知识图谱构建。

　　第四部分包括第 15 章~第 21 章，介绍以 scikit-learn 为基础的机器学习算法。实验内容包括 K-means、PCA、KNN、线性回归、逻辑回归、朴素贝叶斯等机器学习经典算法。

第五部分包括第 22 章~第 26 章，介绍基于 PyTorch 的深度学习框架和应用，包括张量 Tensor 的概念和使用、神经网络的构建和训练及各种经典的主干网络等。

第六部分包括第 27 章和第 28 章，旨在介绍轨道交通应用实践中的智能信息处理问题，引导学生开展面向轨道交通应用的综合性实践。

本书由西南交通大学唐鹏、黄德青、秦娜、权伟编著。

此外，本书的资料整理、校核和审阅是由西南交通大学电气工程学院的师生共同完成，在此对他们表示真诚的感谢。由于编者水平有限，书中疏漏之处在所难免，殷切希望广大读者批评指正。

作　者
2023 年 10 月

第一部分　实验基础

第二部分　Python 科学计算

第三部分　经典人工智能

第六部分　综合训练

第一部分

实验基础

第 1 章　实验准备

选择适当的计算机语言是开展后续工作的重要基础。尽管可用于开展人工智能算法实验的计算机语言不止一种，如 MATLAB、Java、C++等，本书经综合考虑采取了基于 Python 语言的实验技术路线。这主要是基于以下考虑：一是 Python 语言简洁明了，有利于探索性的实验工作；二是用 Python 开发人工智能相关算法和程序是当前主流，其公开程序和资料非常丰富，有利于快速入门和参考借鉴。

本书假定读者已经具备诸如 C 语言等计算机程序设计基础，因此本节重在介绍 Python 语言特殊之处，引领读者入门 Python 语言科学计算。本节并不刻意地深入介绍 Python 程序设计的各种技术细节，如需相关知识，请检索 Python 官网文档。接下来，简要介绍 Python 语言及其主要用法。

1.1　Python 语言

Python 是一种高级计算机语言，由 Guido van Rossum 于 1989 年发明，第一个公开发行版诞生于 1991 年。Python 源代码遵循 GPL（GNU General Public License，GUN 通用公共许可证）协议。历史上，Python 曾经分裂为 2 和 3 两个并不完全兼容的版本。目前，Python 官方宣布已停止 Python 2 的更新。因此，本书所有内容皆基于 Python 3。建议使用 Python 3.7 以及更新的版本。

Python 的特性可概括如下：

（1）Python 是一种解释型的语言。若读者已经具备 C 或 C++语言的开发经验，那么想必知道，C 和 C++程序代码需要显式地编译和链接，才能得到可在计算机上运行的二进制文件。这种需要显式编译的语言通常称为编译型语言，其执行效率虽然高，但开发过程烦琐，并不太适合反复试错的科研型算法实验。与之相对应，Python 是一种使用上类似于 MATLAB 的解释型计算机语言，这意味着 Python 代码可以在安装有 Python 解释器的计算机上直接运行。

（2）Python 具有面向对象的特性，支持动态数据类型，是一种高级程序设计语言。Python 内置数据类型就能原生地支持诸如动态数组、哈希词典等高级功能，大大简化了程序设计的难度，使用户能够将有限的精力用在算法本身上。

（3）Python 具有跨平台的特性。其程序几乎不需要做较大改动，就可以在 Linux、macOS 和 Windows 等平台上使用。对于广大的人工智能初学者而言，其编写的程序通常会面临本地 Windows 而云端 Linux 的跨平台运行情况。在此形势下，Python 代码的跨平台特性显著提升了其使用的便捷性。

（4）Python 具有数量庞大且功能相对完善的标准库和第三方工具包（在 Python 中称为 Package）。这使 Python 使用者可以快速入手新的技术和业务领域，也使人工智能技术成果从算法到应用的转换过程更加容易。例如，可利用基于 Python 的 Django 搭建网站，又或者用 PyQt 建立图形界面程序，从而以 BS 或 CS 的形式发布人工智能的技术服务。在当前，Python 的应用范围已经发展得非常广泛，遍及人工智能、科学计算、Web 开发、系统运维、大数据及云计算、金融、游戏开发等。这种现状也进一步强化了其业内优势。

然而，正是由于 Python 的标准库和第三方库数量庞大，对其安装、更新、删除和解决版本冲突等管理维护工作成为既重要但又烦琐的事情。为解决此问题，出现了 Anaconda 和 Miniconda 等 Python 发行版，提供了 Python 语言及其库和环境的一体化解决方案。

1.2　Anaconda 发行版

尽管 Python 语言本身简单易用，但其官网 www.python.org 提供的下载仅是 Python 语言的解释器，只支持运行基本的 Python 程序，尚不足以用于科学计算的复杂任务。这是因为，科学计算涉及矢量矩阵和多种数学函数的高性能运算，所涉及内容包括 MKL、OpenBlas、OpenMP 等非 Python 的基础函数库。将这些内容完整、兼容地配置在 Python 环境中是一项复杂而烦琐的工作。幸好可以用 Anaconda 替我们将其完成。

Anaconda 的 Python 发行版包括免费和商用多个版本。对初学者而言，使用免费的个人版本足矣。Anaconda 个人版是一个免费、易于安装的包管理器、环境管理器和 Python 发行版，其包含 1 500 多个开源包，并提供免费社区支持。Anaconda 与平台无关，因此无论在 Windows、macOS 还是 Linux 上都可以使用它。Anaconda 是一个可以便捷地获取 Python 工具包，且对包能够进行管理，同时对环境可以统一管理的发行版本。Anaconda 包含 conda、Python 在内的超过 180 个科学包及其依赖项。

有趣的是，Python 的字面意思是蟒蛇，而 Anaconda 则是蚺，即一种更大的蛇。后者的命名不仅体现了其对前者的致敬，而且显示出后者在内涵上是前者的超集。

Anaconda 具有以下特点：

（1）开源；

（2）安装过程简单；

（3）高性能使用 Python 和 R 语言；

（4）免费的社区支持。

其特点的实现主要基于 Anaconda 拥有的 conda 包、环境管理器、1 000 余个开源库。

如果日常工作或学习并不必要使用 1 000 多个库，那么可以考虑安装 Miniconda（可视为 Anaconda 的精简版）。这里不过多介绍 Miniconda 的安装及使用，感兴趣的读者可自行检索 Miniconda 官网。

1.2.1　Anaconda 的下载和安装

可以在 Anaconda 的官网免费下载其安装包,下载之前注意选择与自己计算机相匹配的版本。为方便说明,后文中通常以 Windows 下 64 位版本为例,其他版本以此类推。

> https://www.anaconda.com

由于 Anaconda 官网的访问速度通常不快,我们可以用获得 Anaconda 授权的国内镜像网站下载。根据 Anaconda 软件源(https://repo.continuum.io/pkgs/)上的说明,其同意将镜像权限开放给诸如清华镜像站等教育科研机构。在这些网址下载的软件同属于符合版权规范的正规软件。其中,清华镜像站的地址为

> https://mirrors.tuna.tsinghua.edu.cn/anaconda/archive/

其内容如图 1-1 所示,选择适当的版本点击下载即可。

图 1-1　选择适当的版本

Anaconda 的安装过程一律点击"下一步"即可实现正确安装。在提示安装 VSCode 作为编辑器时,可选择点击"skip"跳过。

1.2.2　检验是否安装成功

可按照以下方式测试 Anaconda 是否安装成功。

（1）在键盘上输入"Win+R",打开运行对话框;

（2）在运行对话框中输入"cmd",并按回车键,打开命令行窗口;

（3）在命令行窗口中输入 "python"，再按回车键。查看是否能正常进入 Python 环境。下文是正常进入 Anaconda 发行版 Python 的一个例子。

```
Python 3.9.12 (main, Apr 4 2022, 05:22:27) [MSC v.1916 64 bit (AMD64)]::Anaconda, Inc. on win32
Type "help", "copyright", "credits" or "license" for more information.
>>>
```

前文的>>>符号即为提示现已进入 Python 环境。若需退出 Python 环境，只需输入

```
>>> exit()
```

即可退出 Python 环境，回到 cmd 命令行。

1.2.3　使用

尽管可以在命令行下进入 Python 环境，继而进行简单的程序交互，但这并不方便。本书推荐使用 Jupyter Notebook。其详细内容详见下一节。

此外，也可以用 Anaconda 自带的 Spyder。这是一个类似于 MATLAB 或 Octave 的 Python 程序 IDE 软件。或者安装 VSCode 或 PyCharm，将其适当配置（例如安装一些插件）以作为 Python 的 IDE 来使用。

注意：通常，使用 Anaconda 时需要额外安装 Python 编辑器。建议使用的代码编辑器有 VSCode 和 PyCharm。

1.3　工具包（Package）

Python 借助各种工具包以实现各种特定功能。在 Anaconda 的 Python 发行版中，已经预制安装了诸如 numpy、scipy 等最新的科学计算工具包。但如果需要用额外的工具包，以及管理既有的工具包，那么可以通过 pip 或 conda 工具来实现。

1.3.1　pip 工具

pip 是一个现代的、通用的 Python 包管理工具。pip 提供了对 Python 工具包的查找、下载、安装、卸载等功能。pip 已内置于 Python 3.4 以上版本，无须另行安装。

请试试检索和访问 PyPI 网站，其中有各种各样的库供选择。

使用 pip 安装某工具包的命令是：

```
pip install some_package
```

注意：将 some_package 替换为具体的工具包名称。

使用 pip 卸载某工具包的命令是：

```
pip uninstall some_package
```

使用 pip 升级某工具包的命令是：

```
pip install --upgrade some_package
```

使用清华大学开源软件镜像站，可以获取更快的访问速度，有利于下载大型的工具包。

1. 临时使用

```
Pip install -i https://pypi.tuna.tsinghua.edu.cn/simple some-package
```

注意：simple 不能少，是 https 而不是 http。

2. 设为默认

升级 pip 到最新的版本（10.0.0 及以上版本）后进行配置：

```
python -m pip install --upgrade pip
pip config set global.index-url https://pypi.tuna.tsinghua.edu.cn/simple
```

如果与 pip 默认源的网络连接较差，可以临时使用该镜像站来升级 pip：

```
python -m pip install -i https://pypi.tuna.tsinghua.edu.cn/simple --upgrade pip
```

1.3.2　conda 工具

除了使用 pip，还可以使用 Ancaonda 内置的 conda 管理工具包。

实际上，conda 是 Anaconda 提供的一个开源的软件包管理系统和环境管理系统，可用于安装多个版本的软件包及其依赖关系，并在它们之间轻松切换。也就是说，不仅可以使用 conda 来管理工具包，而且可以用它创建、编辑和删除特定版本 Python 的虚拟环境。例如，某老式程序需要某老版本的 Python 和相关老版本工具包，则可以用 conda 创建一个新的虚拟环境来使用，而不至于影响到现有内容。

查看 conda 中已经安装的工具包：

```
conda list              #查看当前环境下用 conda 安装的软件
conda List fast*        #查看符合正则表达式的软件
conda List -n base      #查看指定环境下用 conda 安装的软件
```

删除工具包：

```
conda remove some_package      #删除该环境中的软件
```

升级工具包：

```
conda update some_package      #升级指定的软件
conda update conda             #升级 conda 本身
```

在命令行下，也可用以下命令检查 conda 环境是否正常：

```
conda --version
```

如需更多信息，请检索和下载 conda 的 cheat sheet，或者访问其官方文档网站。

```
https://docs.conda.io/en/latest/
```

第 2 章　Jupyter Notebook

本书所有程序皆基于 Python 语言，但运行 Python 程序有多种方式，包括但不限于：

（1）直接在命令行下运行交互式环境；

（2）用文本编辑器编写代码，在命令行下执行命令 python my_file.py，其中 my_file.py 即为编写的代码文件；

（3）用 pycharm 等集成开发环境（IDE）来开发；

（4）用 Jupyter 开发。

本书中皆采用第四种方式，并且更进一步地采用基于 Jupyter Notebook 来开展实验。

2.1　Jupyter Notebook 入门

2.1.1　Jupyter Notebook 简介

Jupyter Notebook 是基于网页的用于交互计算的应用程序。其可被应用于全过程计算：开发、文档编写、运行代码和展示结果。

简而言之，Jupyter Notebook 提供了在网页页面中直接编写 Python 代码和运行展示结果的一套机制。如在编程过程中需要编写说明文档，可在同一页面中直接编写，便于作及时的说明和解释。

Anaconda 安装时已经包括 Jupyter，这意味着可以直接使用 Jupyter，而无须额外安装。

主要特点：

（1）编程时具有语法高亮、缩进、tab 补全功能。

（2）可直接通过浏览器运行代码，同时在代码块下方展示运行结果。

（3）以富媒体格式展示计算结果。富媒体格式包括 HTML、LaTeX、PNG、SVG 等。

（4）对代码编写说明文档或语句时，支持 Markdown 语法。

（5）支持使用 LaTeX 编写数学性说明。

2.1.2　运行 Jupyter Notebook

打开 Anaconda 的命令行环境（例如 Anaconda Powershell Prompt 或 Anconda Prompt），若 Anaconda 已经加入系统 PATH（路径），则打开 cmd 或 PowerShell 即可。

运行以下命令即可运行 Jupyer Notebook。

```
jupyter notebook
```

此时，将自动弹出网页浏览器，其中网页展现的资源浏览界面，其根目录为先前命令行的 Working Directory。

该网页即为 Jupyter Notebook 的前段。而此时的命令行则是运行 Jupyter Notebook 的后台程序。

在网页中打开已有的 Notebook（.ipynb 格式文件），或者新建 Notebook，即可开始使用。

2.1.3 保存 Jupyter Notebook

通过 Jupyter Notebook 的界面菜单，可以方便地保存文件。Jupyter Notebook 文档的后缀名为.ipynb，其本质上是 JSON 格式的文本文件，不仅便于版本控制，也方便与他人共享。

此外，Jupyter Notebook 文档还可以导出 HTML、LaTeX、PDF 等方便阅读的格式。

2.2 代码块及其输出

Jupyter Notebook 中同时嵌入了代码块和该段代码的输出，这样的特性尤其有利于数据实验。下面是使用 Matplotlib 绘图的示例，其直观绘图输出如图 2-1 所示。

```python
from matplotlib import rcParams, cycler
import matplotlib.pyplot as plt
import numpy as np
plt.ion()
```

```
<matplotlib.pyplot._IonContext at 0x29c3b366a30>
```

```python
# Fixing random state for reproducibility
np.random.seed(19680801)

N = 10
data = [np.logspace(0, 1, 100) + np.random.randn(100) + ii for ii in range (N)]
data = np.array(data).T

cmap = plt.cm.coolwarm
rcParams[ 'axes.prop_cycle '] = cycler(color=cmap(np.linspace(0, 1, N)))

from matplotlib.lines import Line2D
custom_lines = [Line2D([0], [0], color=cmap(0.), lw=4),
                Line2D([0], [0], color=cmap(.5), lw=4),
```

Line2D([0], [0], color=cmap(1.), lw=4)]

fig, ax = plt.subplots(figsize= (10, 5))

lines = ax.plot(data)

ax.legend(custom_lines, ['Cold ', 'Medium ', 'Hot ']);

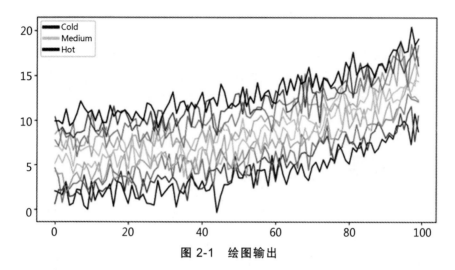

图 2-1　绘图输出

在 Jupyter notebook 中，除了 Python 代码块，还有 Markdown 语句块。Markdown 之所以被引入 Jupyter 中，是看重其撰写专业文稿的功能。

关于 Markdown 的使用，见第 3 章。

第 3 章 Markdown 语法

Jupyter Notebook 中支持嵌入 Markdown 语句。Markdown 语法可以便捷地写出格式化文本，插入图片、表格、数学公式和各种 HTML 代码等，因此 Jupyter Notebook 中支持 Markdown 语法，本质上是提供了一种程序及其文档一体化撰写的新方法。

3.1 简要说明

Markdown 是一种轻量级标记语言，排版语法简洁，让人们更多地关注内容本身而非排版。它使用易读易写的纯文本格式编写文档，可与 HTML 混编，可导出 HTML、PDF 以及本身的.md 格式文件。因简洁、高效、易读、易写，Markdown 被大量使用，如 Github、Wikipedia、简书等。

本书即采用了 Jupyter notebook 和 Markdown 来撰写。

通过掌握 Markdown 语法，可以快速地写出格式化的文档说明，这使得 Jupyter Notebook 不仅是程序编写和执行的单元，更是实验思路和步骤说明、实验结果呈现和分析讨论的一体化方案。因此，后文简要介绍 Markdown 的基本语法，供读者了解。如果不关心此部分可以直接进入下一章，而不会影响对正文内容的理解。

3.2 基本语法

表 3-1 列出了 John Gruber 原始设计文档中的元素。所有 Markdown 应用程序都支持这些元素。

表 3-1 基本语法

元素	Markdown 语法
标题（Heading）	# H1## H2### H3
粗体（Bold）	**bold text**
斜体（Italic）	*italicized text*
引用块（Blockquote）	> blockquote

续表

元素	Markdown 语法
有序列表（Ordered List）	1. First item 2. Second item 3. Third item
无序列表（Unordered List）	- First item - Second item - Third item
代码（Code）	code
分隔线（Horizontal Rule）	---
链接（Link）	[title](https://www.example.com)
图片（Image）	![alt text](image.jpg)

3.3　扩展语法

表 3-2 所列元素通过添加额外的功能扩展了基本语法。但是，并非所有 Markdown 应用程序都支持这些元素。

表 3-2　扩展语法

元素	Markdown 语法
表格（Table）	`
代码块（Fenced Code Block）	{ "firstName": "John", "lastName": "Smith", "age": 25}
脚注（Footnote）	Here's a sentence with a footnote. [^1] [^1]: This is the footnote.
标题编号（Heading ID）	### My Great Heading {#custom-id}
定义列表（Definition List）	term: definition
删除线（Strikethrough）	~~The world is flat.~~
任务列表（Task List）	- [x] Write the press release - [ ] Update the website - [ ] Contact the media

3.4　示例

3.4.1　插入图片

以下是嵌入图片的示例：

图片嵌入效果如图 3-1 所示。

图 3-1　图片嵌入效果

3.4.2　插入公式

以下是嵌入数学公式的示例：

```
* inline equation, $y=\arg_\theta\max (f (x))$
* or, normal equation
$$
E = MC^2
$$
```

公式显示效果：

inline equation, y = arge max (f(x))

or, normal equation

$$E = MC^2$$

甚至可以输入复杂的 LaTex 公式。

```
$$
\begin{split}
\exp (x) &= 1+x+\frac{x^2}{2 !}+\frac{x^3}{3 !}+\cdots+ \frac{x^n}{n !}+\cdots \\
&= \sum_{i=0}^{+\infty}\frac{x^i}{i !} \\
&\approx \sum_{i=0}^{N}\frac{x^i}{i !}, \quad \text{if $N$ is big}
\end{split}
$$
```

插入复杂公式的效果：

$$
\begin{split}
\exp(x) &= 1 + x + \frac{x^2}{2!} + \frac{x^3}{3!} + \cdots + \frac{n^n}{n!} + \cdots \\
&= \sum_{i=0}^{+\infty} \frac{x^i}{i!} \\
&\approx \sum_{i=0}^{N} \frac{x^i}{i!}, \text{ if } N \text{ is big}
\end{split}
$$

更多信息，可访问：

（1）Jupyter 官网：https://jupyter.org；

（2）Markdown 官网：https://www.markdownguide.org。

至此，我们完成了相关程序语言的基础准备。在下一章我们将开始 Python 科学计算实验。

第二部分

Python 科学计算

第 4 章　Python 基础语法

Python 语言本身能够实现简单的数学计算，但这还不足以支撑复杂的科学计算任务。科学计算又称数值计算，是指应用计算机处理科学研究和工程技术中所遇到的数学计算。当我们谈及科学计算时，实际上已蕴含三个方面的需求：首先，关注的是数学概念的运算（如各种矢量和矩阵运算、方程求根、插值与拟合等），而不关心最底层代码；其次，科学计算对程序速度和精度要求都很高；最后，科学计算的结果通常需要可视化（例如，绘制常微分方程解的曲线）。以上三个要求导致，客观上我们只能基于既有的高性能科学计算基础库做二次开放。这在 Python 中是通过 NumPy 库来实现的。

本章介绍 Python 语言，学习基础语法。对于有其他计算机语言设计经验的读者而言，可以在数小时内掌握 Python 的基础语法，并根据实训内容逐步开展程序设计工作。

通过章节的学习和实验，读者可具备撰写基础 Python 程序的能力。

4.1　Python 语法简介

4.1.1　基础语法

1. 行和缩进

Python 的鲜明特色是用缩进来写代码模块。

（1）Python 与其他语言显著的区别是，Python 的代码块不使用大括号{}来表述类、函数以及其他逻辑判断。

（2）缩进的空白数量是可调的，但所有代码块的缩进空白数量必须一致。

```python
#缩进为四个空格
if True:
    print ("True")
else:
    print ("False")
```

```python
#缩进为两个空格
if True:
    print ("True")
else:
    print ("False")
```

执行以下代码将会报告错误：

```
if True:
        print ("Answer")
        print ("True")
else:
        print ("Answer")
        #没有严格缩进，在执行时会报错
    print ("False")
```

```
File "test.py", line 11
    print ("False")
                   ^
IndentationError: unindent does not match any outer indentation level
```

2. 多行语句

一行 Python 代码一般为完整的 Python 语句。若语句较长，可用斜杠（\）将一行的语句分为多行。

```
total = item_one + \
        item_two + \
        item_three
```

语句中包含[]、{}或()括号就不需用多行连接符。

```
days = [ 'Monday ', 'Tuesday ', 'Wednesday ',
        'Thursday ', 'Friday ']
```

3. 引　号

Python 使用引号（'）、双引号（"）、三引号（'''或"""）表示字符串，引号的开始与结束必须是相同类型的。三引号可由多行组成，常用于在特定位置构成文档字符串 docstring。

```
word = 'word '
sentence = "这是一个句子。"
paragraph = """这是一个段落。
包含多个语句"""
```

4. Python 注释

Python 中单行注释采用#开头。

```
#第一个注释
print ("Hello, Python!")   #第二个注释
```

Python 中多行注释使用三个单引号（'''）或三个双引号（"""）。

```
'''
这是多行注释，使用单引号。
这是多行注释，使用单引号。
'''

"""
这是多行注释，使用双引号。
这是多行注释，使用双引号。
"""
```

5. 一行多语句

Python 可以在同一行中使用多条语句，语句之间使用分号（;）分割：

```
#!/usr/bin/python

import sys; x = 'runoob '; sys.stdout.write(x + '\n ')
```

执行以上代码，输入结果为

```
$ python test.py
runoob
```

6. 变量赋值

Python 的变量赋值不需要类型声明。每个变量在使用前都必须赋值，变量赋值以后该变量才会被创建。

等号（=）用来给变量赋值。

```
# coding=UTF-8

counter = 100 #赋值整型变量
miles = 1000.0 #浮点型
name = "John" #字符串

print (counter)
print (miles)
print (name)
```

7. 多个变量赋值

Python 允许同时为多个变量赋值。

```
a = b = c = 1
```

创建一个整型对象，值为 1，三个变量被分配到相同的内存空间上。也可以为多个对象指定多个变量。

```
a, b, c = 1, 2, "john"
```

以上实例，1 和 2 分别分配给变量 a 和 b，字符串"john"分配给变量 c。

4.1.2　数据类型

1. 标准数据类型

Python 定义了一些标准类型，用于存储各种类型的数据。

Python 有五个标准的数据类型：

（1）Numbers（数字）；

（2）String（字符串）；

（3）List（列表）；

（4）Tuple（元组）；

（5）Dictionary（字典）。

2. 数字

数字数据类型用于存储数值。它是不可改变的数据类型，这意味着改变便会分配一个新的对象。

当指定一个值时，数字对象就会被创建。

```
var1 = 1
var2 = 10
```

可通过用 del 语句删除单个或多个对象的引用。

```
del var
del var_a, var_b
```

Python 支持四种数字类型：

（1）bool（布尔型）；

（2）int（有符号整型）/ long［长整型（也可以代表八进制和十六进制）］；

（3）float（浮点型）；

（4）complex（复数）。

3. 字符串

字符串 str 是由单引号（'）、双引号（"）和三引号（'''或"""）包围的文本。

```
s = "RUNOOB"
```

Python 的字符串列表有 2 种取值顺序：

（1）从左到右索引默认从 0 开始，最大范围是字符串长度少 1；

（2）从右到左索引默认从 − 1 开始，最大范围是字符串开头。

其索引关系可参考图 4-1。

```
R  U  N  O  O  B
0  1  2  3  4  5
-6 -5 -4 -3 -2 -1
```

图 4-1　字符串索引示意图

如要实现从字符串中获取一段子串，可用[头下标:尾下标]来截取相应的字符串：

（1）下标从 0 开始算起，可以是正数或负数；

（2）下标可以为空，表示取到头或尾；

（3）获取的子串包含头下标的字符，但不包含尾下标的字符。

```
>>> s = 'abcdef '
>>> s[1:5]
'bcde'
```

使用以冒号分隔的字符串，Python 会返回一个新的对象。

上面的结果包含 s[1]的值 b，结果范围不包括尾下标，即 s[5]的值 f。

```
str = 'Hello World! '

print str                    #输出完整字符串
print str [0]                #输出字符串中的第 1 个字符
print str [2:5]              #输出字符串中第 3 个至第 6 个之间的字符串
print str [2:]               #输出从第 3 个字符开始的字符串
print str * 2                #输出字符串两次
print str + "TEST"           #输出连接的字符串
```

```
Hello World!
H
llo
```

```
llo World!
Hello World!Hello World!
Hello World!TEST
```

在字符串中嵌入数据：

```
>>> name, id = "Tom", 100
>>> f"name:{name}, id:{id}" # => 'name:Tom, id:100'
name:Tom, id:100
```

4. 列表

（1）列表（list）是 Python 中使用最频繁的数据类型。

（2）列表用[ ]标识。

（3）支持字符、数字、字符串，甚至可以包含列表（即嵌套）。

```
a = [1, 2.0, 'abc ', [ 'i ']] # list 元素的数据类型可不同
```

列表中值的切片（见图 4-2）用[头下标:尾下标]可以截取相应的子列表：

（1）从左到右索引默认从 0 开始；

（2）从右到左索引默认从 − 1 开始；

（3）下标可以为空，表示取到头或尾。

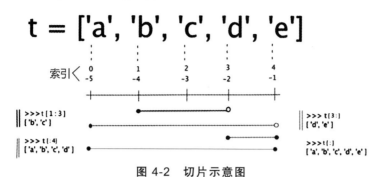

图 4-2　切片示意图

+是列表连接运算符；*是重复操作。

```
list = [ 'runoob ', 786 , 2.23, 'john ', 70.2 ]
tinylist = [123, 'john ']

print list                    #输出完整列表
print list [0]                #输出列表的第 1 个元素
print list [1:3]              #输出第 2 个至第 3 个元素
print list [2:]               #输出从第 3 个开始至列表末尾的所有元素
print tinylist * 2            #输出列表 2 次
print list + tinylist         #打印组合的列表
```

上述实例输出结果：

```
[ 'runoob ', 786, 2.23, 'john ', 70.2]
runoob
[786, 2.23]
[2.23, 'john ', 70.2]
[123, 'john ', 123, 'john ']
[ 'runoob ', 786, 2.23, 'john ', 70.2, 123, 'john ']
```

Python 列表切片可接收第 3 个参数，作用是步长，即[头下标:尾下标:步长]。

以下实例表示在索引 1 到索引 4 的位置并设置步长为 2（间隔一个位置）来截取字符串，如图 4-3 所示。

```
        0    1    2    3    4    5    6
>>> letters = ['c', 'h', 'e', 'c', 'k', 'i', 'o']
                     2

>>> letters[1:4:2]
['h', 'c']
```

图 4-3　索引 1 到索引 4 的位置并设置步长为 2 来截取字符串

5. 元组

元组（tuple）用()标识，类似于 list，但不能二次赋值，相当于只读 list。

```
tuple = ( 'runoob ', 786 , 2.23, 'john ', 70.2 )
tinytuple = (123, 'john ')

print tuple                  #输出完整元组
print tuple [0]              #输出元组的第 1 个元素
print tuple [1:3]           #输出第 2 个至第 4 个（不包含）的元素
print tuple [2:]            #输出从第 3 个开始至列表末尾的所有元素
print tinytuple * 2         #输出元组 2 次
print tuple + tinytuple     #打印组合的元组
```

```
( 'runoob ', 786, 2.23, 'john ', 70.2)
runoob
(786, 2.23)
(2.23, 'john ', 70.2)
(123, 'john ', 123, 'john ')
( 'runoob ', 786, 2.23, 'john ', 70.2, 123, 'john ')
```

注意：若元组的元素只有 1 个，应该写为

```
>>> a = (1,) #注意逗号
>>> a
(1,)
```

而不要写成

```
>>> a = (1) #括号消失
>>> a
1
```

作为对比，一个元素的 list 可写为

```
a = [1]
```

元组和列表可互相转换：

```
a, b = list ((1, 2, 3)), tuple ([1, 2, 3])
```

6. 字典

字典（dict）是除列表以外最灵活的内置数据结构类型。列表是有序的对象集合，字典是无序的对象集合。字典当中的元素是通过键来存取的，而不是通过偏移存取。字典用{}标识。字典的元素由一系列键(key)-值(value)对组成。

```
dict = {}
dict [ 'one '] = "This is one"
dict [2] = "This is two"

tinydict = { 'name ': 'runoob ', 'code ':6734, 'dept ': 'sales '}

print    dict [ 'one ']          #输出键为'one'的值
print    dict [2]               #输出键为 2 的值
print    tinydict              #输出完整的字典
print    tinydict.keys()       #输出所有键
print    tinydict.values()     #输出所有值
```

输出结果：

```
This is one
This is two
{ 'dept ': 'sales ', 'code ': 6734, 'name ': 'runoob '}
```

```
[ 'dept ', 'code ', 'name ']
[ 'sales ', 6734, 'runoob ']
```

定义词典的另一种写法是：

```
a = dict ()
b = dict (x=1, y=2)
```

7. 复合用法

```
b = [1, 2, 3]
c = [t**2 for t in b] # c = [1, 4, 9]
```

```
b = [1, 2, 3]
c = [t**2 for t in b if t > 1] # c = [4, 9]
```

```
a = [ 'x ', 'y ', 'z ']
b = [1, 2, 3]
d = {k:v for k, v in zip (a, b)} # d = {'x':1, 'y':2, 'z':3}
```

```
d = { 'x ':1, 'y ':2, 'z ':3}
a = list (d.keys()) # a = ['x', 'y', 'z']
```

其执行效率比 for 循环更高。

8. 数据类型转换

数据类型转换函数见表 4-1。

表 4-1　数据类型转换函数

函数	描述
int(x ,base)	将 x 转换为一个整数
long(x ,base)	将 x 转换为一个长整数
float(x)	将 x 转换为一个浮点数
complex(real ,imag)	创建一个复数
str(x)	将对象 x 转换为字符串
repr(x)	将对象 x 转换为表达式字符串
eval(str)	用来计算在字符串中的有效 Python 表达式，并返回一个对象
tuple(s)	将序列 s 转换为一个元组
list(s)	将序列 s 转换为一个列表
set(s)	转换为可变集合
dict(d)	创建一个字典。d 必须是一个序列（key,value）元组
chr(x)	将一个整数转换为一个字符
unichr(x)	将一个整数转换为 Unicode 字符
ord(x)	将一个字符转换为它的整数值
hex(x)	将一个整数转换为一个十六进制字符串
oct(x)	将一个整数转换为一个八进制字符串

4.1.3　控制语句

1. 判断语句和条件运算

Python 判断语句和条件运算与 C 语言基本一样，仅有少数不同之处。

```
if 0 <= x < 100: #更自然的比较
    pass #占位
```

```
if x in x_list: #更方便的集合运算
    pass
if y not in y_list:
    pass
```

Python 没有 switch 语句。

2. 循环语句

Python 循环语句与 C 语言基本一样，仅有少数不同之处。

```
>>> x_list = [1, 2, 3] #遍历 list
>>> for x in x_list:
>>>        print (x)
1
2
3
>>> x_dict = { 'x ':1, 'y ':2} #遍历 dict
>>> for k, v in x_dict.items():
>>>        print (k, v)
x, 1
y, 2
```

4.1.4　函数

自定义函数规则：

（1）函数代码块以 def 关键词开头，后接函数名称和圆括号()。

（2）任何传入参数必须放在圆括号中。

（3）函数的第一行可选择性地使用 docstring 写函数说明。

（4）函数内容以冒号起始，并且缩进。

（5）return [表达式]结束函数，返回值给调用方。不带表达式的 return 相当于返回 None。

```
def functionname ( parameters ):
    """函数_文档字符串"""
    function_suite
    return [expression]
```

1. 参数传递

在 Python 中，类型属于对象，变量是没有类型的。

```
a = [1, 2, 3]
a = "Runoob"
```

以上代码中，[1,2,3]是 list 类型；"Runoob"是 str 类型；而变量 a 没有类型，它仅是一个对象的引用（一个指针），可指向 list 类型对象，也可以指向 str 类型对象。

2. 可变（mutable）与不可变（immutable）对象

str、tuple 和 number 是不可变对象，而 list、dict 是可变改对象。

不可变类型：变量赋值 a=5 后再赋值 a=10，这里实际是新生成一个 int 值对象 10，再让 a 指向它，而 5 被丢弃，不是改变 a 的值，相当于新生成了 a。

可变类型：变量赋值 la=[1,2,3,4]后再赋值 la[2]=5，则是将 la 的第三个元素值更改，本身 la 没有动，只是其内部的一部分值被修改了。

思考 4-1：

```
def f (x):
    x += 1
x = 1
f(x)
print (x) # ?
```

思考 4-2：

```
def f (xs):
    xs[0] += 1
xs = [1]
f(xs)
print (xs) # ?
```

3. 函数的参数传递

不可变类型：类似 C++的值传递，如整数、字符串、元组。如 fun(a)，传递的只是 a 的值，没有影响 a 对象本身。比如在 fun(a)内部修改 a 的值，只是修改另一个复制的对象，不会影响 a 本身。

可变类型：类似 C++的引用传递，如列表、字典。如 fun(la)，则是将 la 真正传过去，修改后 fun 外部的 la 也会受影响。

Python 中一切都是对象，严格意义不能说值传递还是引用传递，应该说传不可变对象和传可变对象。

思考 4-3：分析以下程序执行结果。

```
>>> a = [[1]]
>>> b = a * 3
>>> b
```

思考 4-4：分析以下程序执行结果。

```
>>> a = [[1]]
>>> b = a * 3
>>> b
[[1], [1], [1]]    # list 乘以整数 n，等效于重复 n 次
```

思考 4-5：分析以下程序执行结果。

```
>>> a = [[1]]
>>> b = a * 3
>>> b
[[1], [1], [1]]
>>> b[0][0] = 5
>>> b
```

思考 4-6：分析以下程序执行结果。

```
>>> a = [[1]]
>>> b = a * 3
>>> b
[[1], [1], [1]]
>>> b[0][0] = 5    #改其一，而全体皆变，因在 mutable
>>> b
[[5], [5], [5]]
```

思考 4-7：分析以下程序执行结果。

```
>>> a = [[1]]
>>> b = a * 3
>>> b
```

```
[[1], [1], [1]]
>>> b[0][0] = 5
>>> b
[[5], [5], [5]]
>>> a
```

思考 4-8：分析以下程序执行结果。

```
>>> a = [[1]]
>>> b = a * 3
>>> b
[[1], [1], [1]]
>>> b[0][0] = 5
>>> b
[[5], [5], [5]]
>>> a
[[5]]
```

4.1.5　类

以下是 Python 的类示例。Python 的类通过关键词 class 表明其身份，类名称可以是符合命名规范的任意文本符号。注意后例中，给出了构造函数（__init__ 函数）、functor 函数（__call__ 函数）、普通成员函数（myfunc 函数）和静态函数（load 函数）的例子。请参考该例子末尾的类实例化及成员函数调用的代码，来领会其应用方式。

```
class Person:
    def __init__ (self, name, age=10):
        self.name = name
        self.age = age
    @staticmethod
```

```
    def load (file_name):
        name, age = parse_file(file_name)
        return Person(name, age)
    def myfunc (self):
        print ("Hello my name is " + self.name)
    def __call__ (self):
        return self.myfunc()
p1 = Person("Bill", 63)
p1.myfunc()
p2 = Person.load( 'some.txt ')
p2()
```

4.1.6 程序组织

当程序变得庞大而复杂时，需将其分解为独立的、更小的、更易管理的子任务或模块。该过程在 Python 中是用模块（Module）和包（Package）来实现的。

Python 模块就是包含 Python 代码的.py 文件。而 Python 包是包含__init__.py 文件的目录，其中可包含若干子包和模块。通过组织 Python 的包和模块，可以方便地将各子任务模块拼凑在一起，以创建更大、更复杂的应用程序。

1. Python 模块（Module）

一个.py 文件既可以是独立运行的脚本，也可以是被调用的模块。

模块能定义函数、类和变量，也能包含可执行的代码。若干模块存放在包含__init__.py 文件的文件夹中，则构成包 Package。Package 和 Module 有利于有逻辑地组织 Python 代码段。

```
# support.py
def print_func ( par ):
print "Hello : ", par
return
```

```
# main.py
import support #导入模块
support.print_func("Runoob") #现在可调用模块的函数了，输出 Hello : Runoob
```

Python 的 from 语句可从模块中导入指定部分到当前命名空间中：

```
from modname import name1[, name2[, ... nameN]]
```

例如，要导入模块 fib 的 fibonacci 函数，可使用以下语句：

```
from fib import fibonacci
```

这个声明不会把整个 fib 模块导入当前的命名空间中，它只会将 fib 里的 fibonacci 单个引入执行这个声明的模块的全局符号表。

不管执行多少次 import，一个模块只会被导入一次，以防止导入模块被反复执行。

强制重新 import：

```
from importlib import reload
reload(fib) #重新读取 fib 模块
```

2. Python 的包（Package）

包（Package）是一个分层次的文件目录结构，它定义了由模块及子包和子包下的子包等组成 Python 的应用环境。

简单来说，包就是文件夹，但该文件夹下必须存在 __init__.py 文件。__init__.py 文件内容可以为空，用于标识当前文件夹是一个包。

考虑一个在 package_runoob 目录下的 runoob1.py、runoob2.py、__init__.py 文件，test.py 为测试调用包的代码。目录结构如下：

```
test.py
package_runoob
|-- __init__.py
|-- runoob1.py
|-- runoob2.py
```

#package_runoob/runoob1.py 源代码如下：

```
#package_runoob/runoob1.py
#!/usr/bin/python
# -*- coding: UTF-8 -*-
def runoob1 ():
print "I 'm in runoob1"
```

#package_runoob/runoob2.py 源代码如下：

```
#package_runoob/runoob2.py
#!/usr/bin/python
# -*- coding: UTF-8 -*-
def runoob2 ():
print "I 'm in runoob2"
```

现在，在 package_runoob 目录下创建 __init__.py：

```
#package_runoob/__init__.py
#!/usr/bin/python
# -*- coding: UTF-8 -*-
if __name__ == '__main__':
print '作为主程序运行'
else:
print 'package_runoob 初始化'
```

然后，在 package_runoob 同级目录下创建 test.py 来调用 package_runoob 包：

```
#test.py
#!/usr/bin/python
# -*- coding: UTF-8 -*-
#导入 Phone 包

from package_runoob.runoob1 import runoob1
from package_runoob.runoob2 import runoob2
```

```
runoob1()
runoob2()
```

以上实例输出结果：

```
package_runoob 初始化
I 'm in runoob1
I 'm in runoob2
```

上例中，每个文件里只放置了一个函数，实际应用中可以放置更多函数和类。

4.2　Python 基础语法实验

4.2.1　实验说明

本节进行 Python 基础语法的练习。

请在 Jupyter Notebook 下完成本实验，即直接在输入框中编写代码，然后依次分代码块执行，查看各输入框的执行结果。若执行结果有误，可再次修改直至输出正确。注意 Jupyter Notebook 可以通过菜单来保存实验结果，使实验内容的输入和输出在同一页上呈现。

4.2.2　实验内容

1. 名人名言

本实验重在熟悉字符串的使用。

找一句你钦佩的名人说的名言，将名人的姓名存储在变量 famous_person 中，再将他说的名言存储在变量 message 中，然后如下显示出该名人说了该名言（包括引号）：

Somebody once said: "......".

```
# xxx once said, " . . . . . . "
```

2. 姓名列表

本实验重在熟悉列表的基本用法。

将一些朋友的姓名存储在一个列表中，并将其命名为 names。

（1）依次显示出列表中所有朋友的姓名；

（2）使用 sort()将列表中的姓名按字典顺序排序后，再显示出排好序的所有朋友的命名；

（3）将"Albert Einstein"添加到朋友姓名列表中；

（4）显示列表的长度；

```
#依次显示出列表中所有朋友的姓名；
```

```
#使用 sort()将列表中的姓名按字典顺序排序后，再显示出排好序的所有朋友的命名；
```

```
#将"Albert Einstein"添加到朋友姓名列表中；
```

```
#显示列表的长度；
```

3. 复合列表

诸如[x for x in range(10) if x%2 == 0]是求取 0 到 10 之间偶数的复合列表。本实验旨在熟悉复合列表的使用。

请使用复合列表的方式，输出 a 到 b 之间能被 3 整除且不能被 4 整除的数。给定至少三组不同的 a 和 b 值，验证列表输出结果的正确性。

```
#请给出列表结果
```

4. 遍历

本实验是模拟每位用户在登录时获取一条问候消息。

首先，创建一个至少包含 5 个用户名的列表，且其中一个用户名必须为'admin'，其他用户名请任意给定。该列表是已注册的用户名信息。

然后，用 input()函数在运行时输入一个用户名。

接下来，遍历用户名列表，如果用户名为'admin'，就打印一条特殊的问候消息，如"Hello admin, would you like to see a status report?"。如果是已有用户，则打印一条普通的问候消息，如 "Hello Eric, thank you for logging in again"。如果是未知用户，则提示没有此用户。由此向每位登录用户打印一条问候消息。

```
#请填写相应代码
```

5. 排序

给定一个整数组成的列表 L，按照下列条件输出：

（1）若 L 是升序排列的，则输出"UP"；

（2）若 L 是降序排列的，则输出"DOWN"；

（3）若 L 无序，则输出"WRONG"。

```
#请填写相应代码
```

6. IP 地址合法性判断

互联网上的每台计算机都有一个 IP，合法的 IP 格式为：A.B.C.D。其中，A、B、C、D 均为[0, 255]中的整数。为了简单起见，我们规定这四个整数中不允许有前导零存在，如 001。

现在给定一个字符串 s（s 不含空白符），请你判断 s 是不是合法 IP，若是，输出 Yes，否则输出 No。例如 s="202.115.32.24"，则输出 Yes；s="a.11.11.11"，则输出 No。

```
#请填写相应代码
```

7. 三明治

创建一个名为 sandwich_orders 的列表，在其中包含各种三明治的名字。再创建一个名为 finished_sandwiches 的空列表。遍历列表 sandwich_orders，对于其中的每种三明治，都打印一条消息，如 I made your tuna sandwich，并将其移到列表 finished_sandwiches。

所有三明治都制作好后，打印一条消息，将这些三明治列出来。

```
#请填写相应代码
```

8. 城市词典

创建一个名为 cities 的字典，其中将三个城市名用作键。对于每座城市，都创建一个字典，并在其中包含该城市所属的国家、人口约数以及一个有关该城市的事实。在表示每座城市的字典中，应包含 country、population 和 fact 等键。将每座城市的名字以及有关它们的信息都打印出来。

```
#请填写相应代码
```

9. 类型转换

在计算机中，经常需要记录"年、月、日、时、分、秒"等时间信息，并且需要适当地显示时间。在 Python 中，可以通过词典很方便地实现。

请给出一个关于时间的词典 t，其中共有六个字符串键(year, month, day, hour, minute, second)，每个值为数字组成的字符串，如 t = {'year':'2013', 'month':'9', 'day':'30', 'hour':'16', 'minute':'45', 'second':'2'}。

再将其按照以下格式转为字符串输出：××××-××-×× ××:××:××。如上例应该输出：2013-09-30 16:45:02。

```
#请填写相应代码
```

10. 函数

请编写一个名为 fibo(n)的函数，其中输入参数 n 是任意正整数，函数返回长度为 n 的斐波那契数列。例如，fibo(5)则返回列表[1,1,2,3,5]。

建议使用递归实现，并且对输入的合法性进行检查。请自行选择至少三个测试用例来验证函数的正确性。

```
#请填写相应函数代码
```

```
#请给出测试用例，人工验证正确性
```

实验结束。

第 5 章 NumPy 数值运算

5.1 Python 科学计算函数库

5.1.1 NumPy 及其应用

NumPy 是 Python 的一个开源扩展程序库，支持维度数组与矩阵运算。它针对数组运算提供大量高效的数学函数库，包含：一个强大的 N 维数组对象 ndarray；广播功能函数；整合 C/C++/Fortran 代码的工具；线性代数、傅里叶变换、随机数生成等功能。

NumPy 通常与 SciPy（Scientific Python）和 Matplotlib（绘图库）一起使用。这种组合广泛用于替代 MATLAB，是一个强大的科学计算环境。

SciPy 是一个开源的 Python 算法库和数学工具包。

SciPy 包含的模块有最优化、线性代数、积分、插值、特殊函数、快速傅里叶变换、信号处理和图像处理、常微分方程求解和其他科学与工程中常用的计算。

Matplotlib 是 Python 编程语言及其数值数学扩展包 NumPy 的可视化操作界面。它为利用通用的图形用户界面工具包（如 Tkinter、wxPython、Qt 或 GTK+）向应用程序嵌入式绘图提供了应用程序接口（API）。

5.1.2 NumPy Ndarray 对象

NumPy 最重要的特点是其 N 维数组对象 ndarray。它是一系列同类型数据的集合，以下标 0 为开始进行集合中元素的索引。它用于存放同类型元素；每个元素在内存中都有相同存储大小的区域。

创建一个 ndarray，只需调用 NumPy 的 array 函数：

```
numpy.array(object, dtype = None, copy = True, order = None, subok = False, ndmin = 0)
```

参数说明：

object：数组或嵌套的数列；

dtype：数组元素的数据类型（可选），如 np.int、np.float、np.uint8；

copy：对象是否需要复制（可选）；

order：创建数组的样式，C 为行方向，F 为列方向，A 为任意方向（默认）。

5.1.3　实例

实例 1：

```
>>> import numpy as np
>>> a = np.array([1,2,3])
>>> print (a)
[1 2 3]
```

实例 2：

```
>>> #多一个维度
>>> import numpy as np
>>> a = np.array([[1,   2],   [3,   4]])
>>> print (a)
[[1    2]
 [3    4]]
```

实例 3：

```
>>> #最小维度
>>> import numpy as np
>>> a = np.array([1, 2, 3, 4, 5], ndmin =   2)
>>> print (a)
[[1 2 3 4 5]]
```

实例 4：

```
>>> # dtype 参数
>>> import numpy as np
>>> a = np.array([1,   2,   3], dtype = complex)
>>> print (a)
[1.+0.j 2.+0.j 3.+0.j]
```

5.1.4　NumPy 数组属性

NumPy 数组属性见表 5-1。

表 5-1　NumPy 数组属性

属性	说明
ndarray.ndim	秩，即轴的数量或维度的数量
ndarray.shape	数组的维度，对于矩阵，n 行 m 列
ndarray.size	数组元素的总个数，相当于 .shape 中 n*m 的值
ndarray.dtype	ndarray 对象的元素类型

续表

属性	说明
ndarray.itemsize	ndarray 对象中每个元素的大小，以字节为单位
ndarray.flags	ndarray 对象的内存信息
ndarray.data	包含实际数组元素的缓冲区，实际上通常不需要使用这个属性

1. ndarray.ndim

ndarray.ndim 用于返回数组的维数，等于秩。

实例：

```
import numpy as np
a = np.arange(24)
print (a.ndim)                    # a 现在只有一个维度
#现在调整其大小
b = a.reshape(2, 4, 3)            # b 现在拥有三个维度
print (b.ndim)
```

输出结果为：

```
1
3
```

2. ndarray.shape

ndarray.shape 表示数组的维度，返回一个元组，这个元组的长度就是维度的数目，即 ndim 属性（秩）。比如，一个二维数组，其维度表示"行数"和"列数"。ndarray.shape 也可以用于调整数组大小。

实例：

```
import numpy as np
a = np.array([[1,2,3],[4,5,6]])
print (a.shape)
```

输出结果：

```
(2, 3)
```

调整数组大小：

```
>>> import numpy as np
>>> a = np.array([[1,2,3],[4,5,6]])
>>> a.shape =   (3,2)
>>> print (a)
[[1 2]
[3 4]
[5 6]]
```

NumPy 也提供了 reshape 函数来调整数组大小。

```
>>> import numpy as np
>>> a = np.array([[1,2,3],[4,5,6]])
>>> b = a.reshape(3,2)
>>> print (b)
[[1, 2]
[3, 4]
[5, 6]]
```

3. ndarray.itemsize

ndarray.itemsize 以字节的形式返回数组中每一个元素的大小。

例如，一个元素类型为 float64 的数组，其 itemsize 属性值为 8（float64 占用 64 位，每字节为 8 位，所以占用 8 字节，即 64/8）。又如，一个元素类型为 complex32 的数组，其 itemsize 属性值为 4（即 32/8）。

```
>>> import numpy as np
>>> #数组的 dtype 为 int8 (1 字节)
>>> x = np.array([1, 2, 3, 4, 5], dtype = np.int8)
>>> print (x.itemsize)
1
>>> #数组的 dtype 现在为 float64 (8 字节)
>>> y = np.array([1, 2, 3, 4, 5], dtype = np.float64)
>>> print (y.itemsize)
8
```

4. ndarray.flags

ndarray.flags 返回 ndarray 对象的内存信息，包含以下属性，见表 5-2。

表 5-2　包含属性

属性	描述
C_CONTIGUOUS (C)	数据是在一个单一的 C 风格的连续段中
F_CONTIGUOUS (F)	数据是在一个单一的 Fortran 风格的连续段中
OWNDATA (O)	数组拥有它所使用的内存或从另一个对象中借用它
WRITEABLE (W)	数据区域可以被写入，若设置为 False，则数据为只读
ALIGNED (A)	数据和所有元素都适当地对齐到硬件上

实例：

```
import numpy as np
x = np.array([1,2,3,4,5])
print (x.flags)
```

输出结果：

```
C_CONTIGUOUS : True
F_CONTIGUOUS : True
OWNDATA : True
WRITEABLE : True
ALIGNED : True
WRITEBACKIFCOPY : False
UPDATEIFCOPY : False
```

5.1.5 NumPy 创建数组的特殊函数

1. numpy.empty

创建未初始化的数组：

```
>>> x = np.empty([3,2], dtype = int); print (x)
[[ 6917529027641081856   5764616291768666155]
 [ 6917529027641081859 -5764598754299804209]
 [          4497473538          844429428932120]]
```

2. numpy.zeros

创建指定大小的数组，数组元素以 0 来填充：

```
>>> x = np.zeros(5); print (x) #默认为浮点数
 [0. 0. 0. 0. 0.]
>>> y = np.zeros((5,), dtype = np.int); print (y) #设置类型为整数
 [0 0 0 0 0]
```

3. numpy.ones

创建指定形状的数组，数组元素以 1 填充：

```
import numpy as np
#默认为浮点数
x = np.ones(5)
print (x)
#自定义类型
x = np.ones([2,2], dtype = int)
print (x)
```

输出结果：

```
[1. 1. 1. 1. 1.]
[[1 1]
 [1 1]]
```

5.1.6　NumPy 切片和索引

ndarray 对象可通过索引或切片来访问和修改，与 list 的切片操作一样。

切片对象可以通过内置的 slice 函数并设置 start、stop 及 step 参数进行，从原数组中切割出一个新数组。

```
import numpy as np
a = np.arange(10)
```

```
s = slice (2,7,2)    #从索引 2 开始到索引 7 停止，间隔为 2
print (a[s])
```

输出结果：

```
[2  4  6]
```

也可通过冒号分隔切片参数 start:stop:step 来进行切片操作：

```
import numpy as np

a = np.arange(10)
b = a[2:7:2]     #从索引 2 开始到索引 7 停止，间隔为 2
print (b)
```

输出结果：

```
[2  4  6]
```

冒号（:）的解释：

（1）如果只放置一个参数，如[2]，将返回与该索引相对应的单个元素。

（2）如果为[2:]，表示从该索引开始以后的所有项都将被提取。

（3）如果使用了两个参数，如[2:7]，那么则提取两个索引（不包括停止索引）之间的项。切片还可以包括省略号（…），来使选择元组的长度与数组的维度相同。如果在行位置使用省略号，它将返回包含行中元素的 ndarray。

```
>>> import numpy as np
>>> a = np.array([[1, 2, 3], [3, 4, 5], [4, 5, 6]])
>>> print (a[..., 1])    #第 2 列元素
[2 4 5]
>>> print (a[1, ...])    #第 2 行元素
[3 4 5]
>>> print (a[..., 1:])   #第 2 列及剩下的所有元素
[[2 3]
 [4 5]
 [5 6]]
```

5.1.7 NumPy 广播（Broadcast）

广播（Broadcast）是 NumPy 对不同形状（shape）的数组进行数值计算的方式，对数组的算术运算通常在相应的元素上进行。

如果两个数组 a 和 b 形状相同，即满足 a.shape == b.shape，那么 a*b 的结果就是 a 与 b 数组对应位相乘。这要求维数相同，且各维度的长度相同。

```
>>> import numpy as np
>>> a = np.array([1,2,3,4])
>>> b = np.array([10,20,30,40])
>>> c = a * b
(continues on next page)
```

```
>>> print (c)
[ 10  40  90 160]
```

当运算中的 2 个数组的形状不同时，NumPy 将自动触发广播机制，例如：

```
>>> import numpy as np
>>> a = np.array([[ 0,  0,   0],
>>>               [10, 10, 10],
>>>               [20, 20, 20],
>>>               [30, 30, 30]])
>>> b = np.array([1, 2, 3])
>>> print (a + b)
[[ 1  2  3]
 [11 12 13]
 [21 22 23]
 [31 32 33]]
```

其示意图如图 5-1 所示。

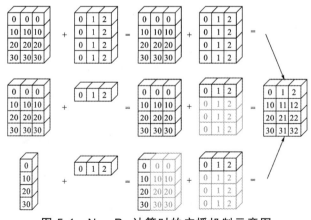

图 5-1 NumPy 计算时的广播机制示意图

5.2 Numpy 高维数组

5.2.1 实验说明

本节进行 NumPy 数值计算的练习。在实验前，请先查阅和熟悉 NumPy 的相关用法。

5.2.2 实验步骤

1. 数组

创建一个全为 0 长度为 10 的一维数组，然后让第 5 个元素等于 1。

注意：Python 和 C 语言一样，其数组下标序号是从 0 开始的。

```
#请输入生成数组的程序代码
```

```
#让第 5 个元素等于 1，并输出结果
```

2. 向量内积

随机生成 2 个长度为 106 的向量，分别用 numpy 函数和 for 循环计算其内积，并比较耗时情况。请在网络上检索 timeit 的用法，实现测量小代码片段的执行时间功能。

```
#请输入随机生成向量的程序代码
```

```
#请输入 numpy 计算的程序代码
```

```
#请输入 for 循环计算的程序代码
```

3. 矩阵乘法

生成一个 4×5 和一个 5×4 的矩阵，并计算它们的乘积。

建议使用随机矩阵，检索查阅 numpy.random.rand 函数的用法。

```
#请输入矩阵生成的程序代码
```

```
#请输入矩阵乘积的程序代码
```

4. 函数

函数 f 定义如下，其中 x 是任意实数：

$$f(x) = \frac{\sin(x+1)(x+1)}{2\mathrm{e}^x}$$

生成一个数组 $a \in R^5$，计算 $b = f(a)$。

```
#请输入函数实现的代码
```

```
#请输入函数调用的代码
```

5. 平均值

随机生成一个 5 行 10 列的矩阵，然后每行元素减去该行的平均值。

```
#请输入随机生成矩阵的程序代码
```

```
#请将每行元素减去该行的平均值
```

实验结束。

第 6 章　Matplotlib 数据可视化

Matplotlib 是著名的数据可视化库。由于历史的原因，其使用通常有 pyplot 和 pylab 两种方式：

```
import matplotlib.pyplot as plt
```

或者

```
from matplotlib.pylab import *
```

说明：

（1）pyplot 是更为推荐的方式。其提供了一个类似 shell 的接口，使用习惯类似 MATLAB，适用于 Jupyter 或 IPython 笔记本等交互式编程场景。

（2）pylab 在其名称空间中导入了 pyplot 和 numpy，虽然曾经广泛使用，但并不再推荐。

Matplotlib 绘图示例：

```
import matplotlib.pyplot as plt
import numpy as np
x = np.linspace(0, 2, 100)
plt.plot(x, x, label='linear ')
plt.plot(x, x**2, label='quadratic ')
plt.plot(x, x**3, label='cubic ')
plt.xlabel( 'x label ')
plt.ylabel( 'y label ')
plt.title("Simple Plot")
plt.legend()
plt.show ()
```

6.1　Matplotlib 简介

Matplotlib 是 Python 2D 绘图领域使用最广泛的套件，能轻松地将数据图形化，并且提供多样化的输出格式。

pylab 是 Matplotlib 面向对象绘图库的一个接口，其语法和 MATLAB 十分相近。

6.1.1　折线图

绘制折线图示例程序：

```
from pylab import *

n = 256
X = np.linspace(-np.pi, np.pi, n, endpoint=True)
Y = np.sin(2*X)

plot (X, Y+1, color='blue ', alpha=1.00)
plot (X, Y-1, color='blue ', alpha=1.00)
show()
```

上述程序绘制的折线图如图 6-1 所示。

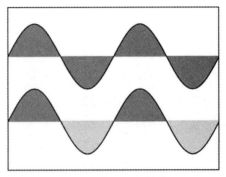

图 6-1　折线图绘制效果

6.1.2　散点图

绘制散点图示例程序：

```
from pylab import *

n = 1024
X = np.random.normal(0, 1, n)
Y = np.random.normal(0, 1, n)

scatter(X, Y)
show()
```

上述程序绘制的散点图如图 6-2 所示。

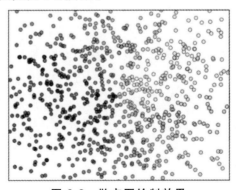

图 6-2　散点图绘制效果

6.1.3　灰度图

绘制灰度图示例程序：

```
from pylab import *
def f (x,y): return (1-x/2+x**5+y**3)*np.exp(-x**2-y**2)

n = 10
x = np.linspace(-3, 3, 4*n)
y = np.linspace(-3, 3, 3*n)
X,Y = np.meshgrid(x, y)
imshow(f(X,Y)), show()
```

上述程序绘制的灰度图如图 6-3 所示。

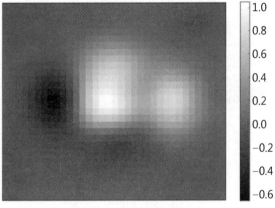

图 6-3　灰度图绘制效果

6.1.4　3D 图形

绘制 3D 图形的示例程序：

```
# 3D
from pylab import *
from mpl_toolkits.mplot3d import Axes3D

fig = figure()
ax = Axes3D(fig)
X, Y = np.arange(-4, 4, 0.25), np.arange(-4, 4, 0.25)
X, Y = np.meshgrid(X, Y)
Z = np.sin(np.sqrt(X**2 + Y**2))
ax.plot_surface(X, Y, Z, rstride=1, cstride=1, cmap='hot ')
show()
```

上述程序绘制的 3D 图形如图 6-4 所示。

6.2 Matplotlib 程序示例

下面提供关于 Matplotlib 库的更多使用示例。

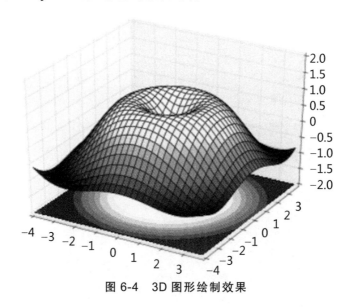

图 6-4 3D 图形绘制效果

6.2.1 载入

示例程序：

```
from matplotlib import rcParams, cycler
import matplotlib.pyplot as plt
import numpy as np
plt.ion() #打开交互模式
```

```
<matplotlib.pyplot._IonContext at 0x1ffd7682880>
```

6.2.2 折线图

折线图是数据分析的常用图形之一，其原理是将顺序的数据点用折线相连而成。折线图常用于分析某指标随时间（或其他因变量）而变化的趋势。在 Matplotlib 中，使用 plot

函数来实现此功能。

　　细心的同学应已发现，该函数名与 MATLAB 的折线函数同名。

```
x = np.random.rand(100)
plt.plot(x)
```

```
[<matplotlib.lines.Line2D at 0x1ffd9d39880>]
```

绘图效果如图 6-5 所示。

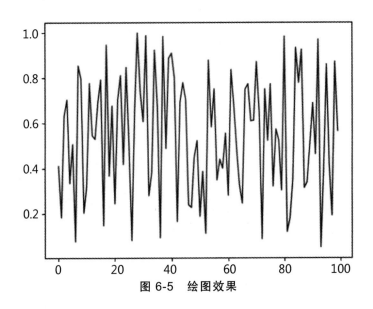

图 6-5　绘图效果

6.2.3　显示图像

　　一张灰阶的数字图像本质就是一个矩阵，反之亦然。因此，可以将矩阵各元素的数量值用颜色（或灰阶）画出，形成图形化二维数据表达形式。在 Matplotlib 中，使用 imshow 函数来实现此功能。

　　细心的同学应已发现，该函数名与 MATLAB 的绘图函数同名。

```
im = np.random.rand(50, 50)
plt.figure(figsize= (6,6))
plt.imshow(im, cmap= 'gray ')
#plt .colorbar('gray')
```

```
<matplotlib.image.AxesImage at 0x1ffda4342b0>
```

绘图效果如图 6-6 所示。

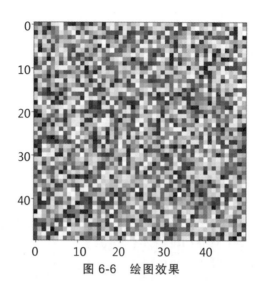

图 6-6 绘图效果

6.2.4 三维图形

Matplotlib 的二维绘图函数和 MATLAB 是类似的。但在三维绘图方面，它们存在诸多不同，因此 Matplotlib 的三维绘图程序自成体系，示例如下：

```python
from pylab import *
from mpl_toolkits.mplot3d import Axes3D
fig = figure(figsize= (4,4), dpi=150.0)
ax = Axes3D(fig)
X, Y = np.arange(-4, 4, 0.25), np.arange(-4, 4, 0.25)
X, Y = np.meshgrid(X, Y)
Z = np.sin(np.sqrt(X**2 + Y**2))
ax.plot_surface(X, Y, Z, rstride=1, cstride=1, cmap='hot ')
show()
```

C:\Users\Pt\AppData\Local\Temp\ipykernel_8916\1193062121 .py:4: ↵MatplotlibDeprecation Warning: Axes3D(fig) adding itself to the figure is ↵deprecated since 3 .4 . Pass the keyword argument auto_add_to_figure=False and use ↵fig .add_axes(ax) to suppress this warning . The default value of auto_add_to_↵figure will change to False in mpl3 .5 and True values will no longer work in 3 .6 .↵This is consistent with other Axes classes.

ax = Axes3D(fig)

绘图效果如图 6-7 所示。

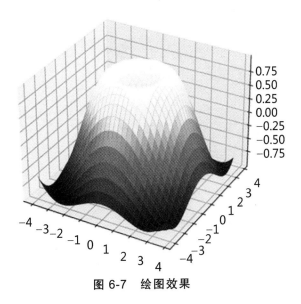

图 6-7　绘图效果

思考：请分析以下程序完成了什么功能。

```
# Fixing random state for reproducibility
np .random .seed(19680801)


N = 10
data = [np .logspace(0, 1, 100) + np .random .randn(100) + ii for ii in range (N)]
data = np .array(data) .T
cmap = plt .cm .coolwarm
rcParams[ 'axes .prop_cycle '] = cycler(color=cmap(np .linspace(0, 1, N)))


from matplotlib.lines import Line2D
custom_lines = [Line2D([0], [0], color=cmap(0.), lw=4),
                Line2D([0], [0], color=cmap(.5), lw=4),
                Line2D([0], [0], color=cmap(1.), lw=4)]


fig, ax = plt .subplots(figsize= (10, 5))
lines = ax .plot(data)
ax .legend(custom_lines, [ 'Cold ', 'Medium ', 'Hot ']);
```

绘图效果如图 6-8 所示。

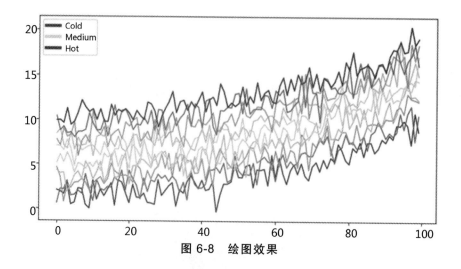

图 6-8　绘图效果

6.3　Matplotlib 数据可视化

6.3.1　实验说明

本节进行 Matplotlib 的基础练习,要求将所绘制图像保存在本 Jupyter Notebook 文件中。

6.3.2　实验步骤

1. 函数曲线和点

用蓝线绘制函数 $f(x) = x^2 - 2x + 3$ 的图形，并在坐标（1，2）位置处标上一个红色的点。

#请输入程序代码，确保完成两项功能要求。

2. x-y 图形

给定参数 $t \in [0, 2T]$，由参数 t 可定义参数曲线：

$$\begin{cases} x(t) = 16\sin(t)^3 \\ y(t) = 13\cos(t) - 5\cos(2t) - 2\cos(3t) - \cos(4t) \end{cases}$$

要求：

（1）使用 np.linspace()函数生成 $t \in [0, 2T]$。

（2）画出 x-y 图形。

（3）给图形添加一个题目"Heart"。

#请输入程序代码，确保完成三项功能要求

实验结束。

第 7 章　Pandas 数据分析工具

7.1　实验说明

Pandas 是一个强大的分析结构化数据的工具集。它的使用基础是 Numpy（提供高性能的矩阵运算），用于数据挖掘和数据分析，同时也提供数据清洗功能。

本部分的实验，以读取泰坦尼克号（titanic）数据为例，以求掌握 Pandas 的基本用法。本实验所需数据，即 titanic.csv，可在课程资源网站上下载。另外，在实验之前，需要自己在网络学习相关基础函数的使用。

7.2　实验步骤

7.2.1　数据获取

导入可能需要的库：

```
import pandas as pd
import matplotlib.pyplot as plt
import seaborn as sns
import numpy as np
%matplotlib inline
```

读取数据集：

```
titanic = pd.read_csv( 'titanic.csv' )
```

显示数据集的前 5 行和后 5 行：

```
#请填写相应代码
```

```
#请填写相应代码
```

该数据集有多少行和多少列？

```
#请填写相应代码
```

7.2.2　基础分析

将 PassengerID 设置为索引：

```
titanic.set_index( 'PassengerId ')
```

	Survi	Pclass	\
PassengerId	ved	3	
1	0	1	
2	1	3	
3	1	1	
4	1	3	
5	0		
...	...	...	
887	0	2	
888	1	1	
889	0	3	
890	1	1	
891	0	3	

	Name	Sex	Age	\
PassengerId				
1	Braund, Mr. Owen Harris	male	22.0	
2	Cumings, Mrs. John Bradley (Florence Briggs Th...	female	38.0	
3	Heikkinen, Miss. Laina	female	26.0	
4	Futrelle, Mrs. Jacques Heath (Lily May Peel)	female	35.0	
5	Allen, Mr . William Henry	male	35.0	
...	...	...	...	
887	Montvila, Rev. Juozas	male	27.0	
888	Graham, Miss. Margaret Edith	female	19.0	
889	Johnston, Miss. Catherine Helen "Carrie"	female	NaN	
890	Behr, Mr. Karl Howell	male	26.0	
891	Dooley, Mr. Patrick	male	32.0	

	SibSp	Parch	Ticket	Fare	Cabin	Embarked
PassengerId						
1	1	0	A/5 21171	7.2500	NaN	S
2	1	0	PC 17599	71.2833	C85	C

3	0	0	STON/O2. 3101282	7.9250	NaN	S
4	1	0	113803	53.1000	C123	S
5	0	0	373450	8.0500	NaN	S
...	...	...	...	...	...	...
887	0	0	211536	13.0000	NaN	S
888	0	0	112053	30.0000	B42	S
889	1	2	W./C. 6607	23.4500	NaN	S
890	0	0	111369	30.0000	C148	C
891	0	0	370376	7.7500	NaN	Q

[891 rows x 11 columns]

数据中有缺失值吗?

```
#请填写相应代码
```

乘客的最大年龄和最小年龄是多少?

```
#请填写相应代码
```

```
#请填写相应代码
```

有多少人生还?

```
#请填写相应代码
```

男性和女性的生还比例分别是多少?

```
#请填写相应代码
```

```
#请填写相应代码
```

7.2.3　深入分析

按照船票价格降序排列:

```
#请填写相应代码
```

绘制一个展示船票价格的直方图:

```
#请填写相应代码
```

绘制乘客年龄与船票价格的散点图:

```
#请填写相应代码
```

实验结束。

第 8 章 SymPy 符号计算

SymPy 是一个由 Python 语言编写的符号计算库。

8.1 实验说明

8.1.1 符号计算简介

符号计算又称计算机代数，通俗地说就是用计算机推导数学公式，如对表达式进行因式分解、化简、微分、积分、解代数方程、求解常微分方程等。

在科学研究中常常涉及两种不同性质的计算问题，即数值计算和符号计算。在数值计算中，计算机处理的对象和得到的结果都是数值，如 NumPy；而在符号计算中，计算机处理的数据和得到的结果都是符号，如 SymPy。与数值计算有误差不同，符号计算中的数学对象是精确表示的。

SymPy 是一个 Python 的科学计算库，用一套强大的符号计算体系完成诸如多项式求值、求极限、解方程、求积分、微分方程、级数展开、矩阵运算等等计算问题。虽然 MATLAB 类似的科学计算能力也很强大，但是 Python 以其语法简单、易上手、异常丰富的三方库生态，可以更方便地解决日常遇到的各种计算问题。

8.1.2 符号定义

在 SymPy 中定义符号通常有两种方法：第 1 种是从 from sympy.abc 中引入预定义的符号。第 2 种是利用 sympy.symbols 函数。

示例：

```
import sympy
from IPython.display import display as disp
#方法 1：
```

```
from sympy.abc import a, b
#方法 2：
x, y0, beta = sympy.symbols( 'x y_0 beta ')
```

可以直接查看符号 a，可看到输出框中为其所代表的表达式。

```
#直接查看单个符号
a
```

a

查看符号 y0。可注意到，符号 y0 在 Jupyter 中显示的效果是 y_0，即 0 是下标。这有助于更规范地显示公式。SymPy 还支持希腊字母，如 α，β。

```
#注意输出结果中，0 是下标
y0
```

y_0

但是，如果需查看多个符号，按照如下方式会导致后输出覆盖了先前输出，导致无法看到全部表达式。

```
#查看多个符号时，先输出的显示结果会被最后输出的覆盖
x
a
beta
```

β

这时可以使用 IPython 内置的 disp 函数，即可不覆盖地显示所有内容。

```
disp(x)
disp(a)
disp(beta)
```

x
α
β

在有了符号变量之后，可用其定义一个表达式：

```
f = x*2 + y0*2 + beta
```

查看该表达式：

```
f
```

$\beta + 2x + y_0$

在表达式 $f(x, y_0)$ 中代入具体数值 $y_0 = 1$，即 $f(x, 1)$。该功能通过 subs 函数实现。

```
f.subs(y0, 1).collect(x)
```

$\beta + 2x + 2$

在 SymPy 运算中，常用到表 8-1 所列函数。在此仅简要列举，如需详细说明，请查阅其文档。

表 8-1　常用函数

常用函数	说明
simplify()	化简表达式
expand()	展开为多个式子之和
factor()	因式分解为多个式子之乘积
collect()	按某个符号的阶次重新组织表达式的形式
cancel()	对符号分数进行约分运算
apart()	将符号分数展开为多个分数式之和

8.1.3　微分（Derivatives）

SymPy 支持微积分运算。下面对 cos (x)求导。

```
import sympy
from sympy.abc import x, y
sympy.diff(sympy.cos(x), x)
```

$-\sin (x)$

对 $\dfrac{\mathrm{d}e^{x^2}}{\mathrm{d}t}$ 求导。

```
sympy.diff(sympy.exp(x**2), x)
```

$2xe^{x^2}$

8.1.4　积分（Integrals）

SymPy 支持微积分运算。下面对 cos(x)求积分。

```
sympy.integrate(sympy.cos(x), x)
```

$\sin (x)$

求如下积分：

$$\int_0^\infty e^{-x}\mathrm{d}x$$

注意：在 SymPy 程序中，用符号 oo（两个小写字母 o）代表无穷 ∞

```
sympy.integrate(sympy.exp(-x), (x, 0, sympy.oo)) # oo 代表无穷
```

1

求如下积分：

$$\int_{-\infty}^{+\infty}\int_{-\infty}^{+\infty} e^{-x^2-y^2}\, dxdy$$

```
sympy.integrate(
    sympy.exp(-x**2 - y**2),
    (x, -sympy.oo, sympy.oo),
    (y, -sympy.oo, sympy.oo)
)
```

T

8.1.5　方程求解(Solvers)

SymPy 的 solvesetd 函数支持求解方程的根。例如：

（1）一元二次方程：

$$x^2 - 1 = 0$$

```
sympy.solveset(x**2 - 1, x)
```

$$\{-1, 1\}$$

（2）一元三次方程：

$$x^3 - 1 = 0$$

```
sympy.solveset(x**3 - 1, x)
```

$$\left\{1, -\frac{1}{2}-\frac{\sqrt{3}i}{2}, -\frac{1}{2}+\frac{\sqrt{3}i}{2}\right\}$$

（3）一元四次方程：

$$x^4 - 1 = 0$$

```
sympy.solveset(x**4 - 1, x)
```

$$\{-1, 1, -i, i\}$$

8.2　实验内容

8.2.1　多项式系数

请计算如下多项式的各项系数分别是什么？

$$(ax+b)^4(kx+e)-(cx^2+dx+e)$$

```
#请在此输入实验代码
```

8.2.2 微分计算

Sigmoid 函数是人工神经网络中常用的激活函数，其数学表达式为

$$S(x)=\frac{1}{1+e^{-x}}$$

请用 sympy 计算其导数：

```
#请在此输入实验代码
```

实验结束。

第三部分

经典人工智能

第 9 章　状态空间搜索

在人工智能中，状态空间搜索（State Space Search）是指明确初始状态和目标状态，然后遵循特定以探索潜状态的过程，直到找到既定特征的目标状态。诸如下棋或自动驾驶等众多人工智能问题，都可以表示为基于状态空间的搜索问题。而系统当下的呈现即为状态。如果一个操作可以将一种状态变为另一种状态，那么这两种状态在状态图中是连通的。可见，以某状态为出发点，所有可达的状态集合将形成状态空间。状态空间图的节点表示状态，连接它们的边表示操作。显然，如果能遍历状态空间全体，必然能够检索出最优解。在组合搜索中，解可以是最终状态，也可以是从初始状态到最终状态的一系列状态（也称为路径，即一组状态和在状态空间中连接它们的操作）。

在实际中，状态空间搜索的难度通常源于状态空间太大而难以有效搜索。例如，系统的状态变量维度较高时，其复杂度将呈现组合爆炸效应，即状态空间数量伴随状态变量数量的增加而呈指数级上升。更有甚者，存在无穷多的状态空间。这导致在计算机中实现状态空间搜索的实际应用时，在内存中构建和维护一个典型的状态空间图需要各种技巧以灵活使用存储空间。

在本章的实验中，仅考虑状态有限且较简单的状态空间搜索问题。

9.1　状态空间表达

对状态空间的各个术语给出进一步描述如下：

状态：可以是初始状态、目标状态，以及在它们之间应用规则生成的其他状态。在人工智能问题中，空间指的是所有可能状态的穷尽集合。

搜索：是遍历后继状态空间遵循的有效规则，通过该规则可使状态从开始状态移动到目标状态。

搜索树：是搜索问题的树状描述。初始状态对应于搜索树的根节点，它作为树的起点。

路径成本：是为每条路径分配成本值的函数。它是连接开始节点和结束节点的活动序列的代价。

最优方案：是所有方案中成本最低的方案。

状态空间表示在人工智能中的价值，它可以很确定性地获取从开始状态到目标状态的解决路径。因此，状态空间搜索的重点，是开发能够在问题空间中搜索并发现最优解决方案路径的搜索算法。

9.2　基于 Networkx 的图算法

在 Python 中，Networkx 是著名的图函数库，提供了多种图算法和可视化方法。其官网中提供了丰富的案例和说明，请参考：

https://networkx.org/

本节基于 Networkx 介绍状态空间搜索的相关算法。

第 10 章　图的遍历

图的遍历（Graph Traversal）是逐次访问图中每一个节点的过程。为便于理解，不妨想象该遍历过程是一个邮递员拜访某街区所有房子的过程。鉴于有些节点可能被多次访问，在图的遍历过程中，有必要记住以前访问过哪些节点，以免重复访问。

图的遍历算法主要有两种：宽度优先搜索（BFS）和深度优先搜索（DFS）。

10.1　广度优先搜索

在广度优先搜索（Breadth-First Search，BFS）中，遍历从单个节点开始，访问节点的顺序是根据节点与起始节点之间的距离决定的。这意味着当访问某节点时，比该节点更接近起始节点的其他节点都已经被访问过，从而得到从起始节点到新访问的节点之间的最短路径。

在 Networkx 中，提供函数 nx.bfs_tree，用于创建 bfs 遍历的支撑树。

```
bfs = nx.bfs_tree(graph, source="go")
```

假设在文本文件 some.txt 中，有以下内容，用于描述一张图：

```
graph_txt = '''
go a
go b
go c
a d
a e
a b
b f
b c
c g
```

```
d h
d e
e f
f i
g f
h i
'''
```

现在，便可以从文本内容中读取和解析出图，再用宽度优先搜索算法计算最短路径，并绘制结果：

```
import networkx as nx
import matplotlib.pyplot as plt

#with open("graph .txt") as f:
#      lines = f.readlines()
lines = graph_txt.strip().split( '\n ')
edgeList = [line.strip().split() for line in lines]


g = nx.Graph()
g.add_edges_from(edgeList)
pos = nx.planar_layout(g)


nx.draw(g, pos, with_labels=True, node_color="#f86e00")


bfs = nx.bfs_tree(g, source="go")
nx.draw(bfs, pos, with_labels=True, node_color="#f86e00", edge_color="#dd2222")
plt.show ()
    bfs
```

```
<networkx.classes.digraph.DiGraph at 0x1da30ceacd0>
```

绘制结果如图 10-1 所示。

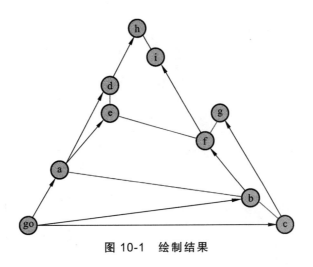

图 10-1   绘制结果

10.2 深度优先搜索

深度优先搜索（Depth-First Search，DFS）是一种遍历图的算法。该算法从根节点开始，尽可能地探索每个相邻节点。当它到达一个死胡同时，它会回溯，直到找到一个新的未发现的节点，然后从该节点遍历，以找到更多未发现的节点，通过这种方式访问图中的每个节点。

在 networkx 中，提供函数 nx.bfs_tree，用于创建 bfs 遍历的支撑树。

```
dfs = nx.dfs_tree(graph, source="go")
```

```
import networkx as nx
import matplotlib.pyplot as plt

#with open("graph .txt") as f:
#      lines = f.readlines()
lines = graph_txt.strip().split( '\n ')
```

```
edgeList = [line.strip().split() for line in lines]
g = nx.Graph()
g.add_edges_from(edgeList)
pos = nx.planar_layout(g)
nx.draw(g, pos, with_labels=True, node_color="#f86e00")
dfs = nx.dfs_tree(g, source="go")
nx.draw(dfs, pos, with_labels=True, node_color="#f86e00", edge_color="#dd2222")
plt.show ()
```

绘制结果如图 10-2 所示。

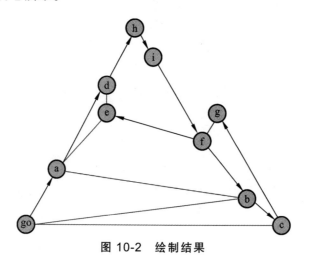

图 10-2 绘制结果

第 11 章 最短路径算法

11.1 最短路径算法概述

以规划自驾游的旅行路线为例，我们会尽量减少在某方面的成本，如路程油耗、旅行时间、交通费用等。穷举地计算这些成本，可能会花费大量的精力或时间，是否有一种避免穷举的解决方法呢？其答案即为最短路径算法。

最短路径算法是一种计算加权图中两个节点之间的路径代价的算法，如路径权重之和的最小化。最短路径算法是经典的图问题之一，早在 19 世纪就已有研究。

最短路径算法的总体工作过程：从源节点开始，算法向外查找加权图边上的权重。其选择的边与之前的代价总和相加，得到的结果最小。算法会遍历每个节点，直到到达目标点。结果是一条路径和最短路径的代价总和。

11.2 实际应用

谷歌数字地图服务中使用了 Dijkstra 算法。我们每次寻找方向时，都可以沿着最佳路线行进。

在使用社交网络时，可能会看到诸如"你可能认识的人"或"你的朋友关注的人"之类的建议。如果社交地图非常小，便可以使用 Dijkstra 算法找到用户之间的最短路径。

在电信中，每条线路都有带宽，这是一种告诉我们有多少数据可以通过这条线路的度量。当传输数据时，我们可以使用 Dijkstra 算法来确定网络中发送点和接收点之间的最短路径，例如向你所有的朋友发送电子邮件。

最短路径问题示意图如图 11-1 所示。

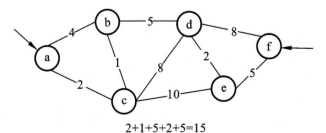

2+1+5+2+5=15

图 11-1 最短路径问题示意图

11.3　Dijkstra 算法

Dijkstra 算法查找图中节点之间的最短路径。使用该算法，可以找到从一个开始节点到图中所有其他节点的最短路径。

该算法是由荷兰计算机科学家 Edsger Dijkstra 博士在 1956 年设计的，并将该算法用于荷兰 64 个城市的略微简化交通地图。用他自己的话说，这是一个 20 min 的发明，但却是今天图论领域最重要和最知名的算法之一。

11.3.1　Dijkstra 算法工作机制

Dijkstra 算法从选定的节点（也称为源节点）开始。该算法跟踪从每个节点到源节点的当前已知最短路径。如果找到更短的路径，它就更新路径值。当算法找到源节点和另一个节点之间的最短路径时，该节点被标记为"已访问"并添加到路径中。该过程将继续进行，直到所有节点都被添加到该路径。该算法的结果是一条连接源节点和图中所有其他节点的路径，该路径遵循到每个节点的最短路径原则。

11.3.2　Dijkstra 算法与其他最短路径算法的区别

Dijkstra 算法只适用于边的权重为正值的图。该算法的结果是一种称为最小生成树的结构——树状结构，它将源节点连接到图中每个节点的最短路径。

11.3.3　Networkx 的最短路径算法

shortest_path(G, source=**None**, target=**None**, weight=**None**, method='dijkstra ')

输入参数说明：

第 1 个输入参数 G：是一个 NetworkX 图。

第 2 个输入参数 source：是最短路径的源节点。如果没有指定，该方法将为所有节点计算最短路径。

第 3 个输入参数 target：是最短路径的目标节点。如果没有指定，该方法将计算到所有可能节点的最短路径。

第 4 个输入参数 weight：表示应该用作边权值的边属性。如果没有指定，则所有边的权值将为 1。

输出参数：该方法的输出是一个包含所有请求最短路径的列表或字典。路径表示为节点列表。

```
import networkx as nx

edges = [
    (1, 2, {"weight": 4}),
    (1, 3, {"weight": 2}),
    (2, 3, {"weight": 1}),
    (2, 4, {"weight": 5}),
    (3, 4, {"weight": 8}),
    (3, 5, {"weight": 10}),
    (4, 5, {"weight" : 2 }),
    (4, 6, {"weight" : 8 }),
    (5, 6, {"weight" : 5}),
]
edge_labels = {
    (1, 2): 4,
    (1, 3): 2,
    (2, 3): 1,
    (2, 4): 5,
    (3, 4): 8,
    (3, 5): 10,
    (4, 5): 2,
    (4, 6): 8,
    (5, 6): 5,
}

G = nx .Graph()
for i in range (1, 7):
G .add_node(i)
G .add_edges_from(edges)

pos = nx .planar_layout(G)

# This will give us all the shortest paths from node 1 using the weights from the  edges .
p1 = nx .shortest_path(G, source=1, weight="weight")

# This will give us the shortest path from node 1 to node 6.
p1to6 = nx .shortest_path(G, source=1, target=6, weight="weight")

# This will give us the length of the shortest path from node 1 to node 6.
length = nx .shortest_path_length(G, source=1, target=6, weight="weight")
```

```
print ("All shortest paths from 1: ", p1)
print ("Shortest path from 1 to 6: ", p1to6)
print ("Length of the shortest path: ", length)
```

```
All shortest paths from 1:    {1: [1], 2: [1, 3, 2], 3: [1, 3], 4: [1, 3, 2, 4], 5:
↪[1, 3, 2, 4, 5], 6: [1, 3, 2, 4, 5, 6]}
Shortest path from 1 to 6:    [1, 3, 2, 4, 5, 6]
Length of the shortest path:    15
```

请修改网络的节点和边的信息，重新运行程序，并给出结果加以分析。

```
#请给出修改和测试的程序
```

第 12 章　A*搜索算法

A*搜索算法是一种图遍历和路径搜索算法，常用于计算机科学的许多领域。从起始节点开始，它的目标是找到代价最小到目标节点的路径。

A*算法是 Shakey 项目的一部分。该项目的目标是建造一个可自行移动的机器人。A*算法于 1966 年在制造第一个通用机器人 Shakey 的过程中被研究出来，以帮助 Shakey 机器人解决自主寻路的问题，在 A*算法的帮助下，机器人就可以四处移动了。

12.1　工作原理

A*搜索算法结合了来自 Dijkstra 算法和贪婪最佳优先搜索算法的信息。Dijkstra 算法偏爱接近起点的顶点，而贪婪最佳优先搜索算法偏爱接近目标的顶点。

A*搜索算法使用启发式来确定它将采取的路径。启发式函数提供了当前顶点和目标顶点之间最小代价的估计值。该算法将结合从开始顶点到目标顶点的实际代价和估计代价。它将使用结果来选择下一个要计算的顶点。

12.2　其他最短路径算法的区别

与其他最短路径算法不同的是，A*搜索算法有"大脑"，它是一个非常聪明的算法，使用启发式方法来引导自己。A*搜索算法的效率更高，因为它使用了启发式，可以让算法对下一步要走的路径做出更好的选择。

Dijkstra 算法总是会找到图中起始顶点和其他顶点之间的最短路径，而 A*搜索算法会找到起始顶点和目标顶点之间的最短路径。在节点数较少的图中，Dijkstra 算法就足够了。然而，在现实生活中，我们正在处理大量组合问题。为此，我们需要使用一种能够快速准确地确定最佳路线的"引导"算法。与其他最短路径算法不同，搜索算法只执行看起来有希望且合理的步骤。它朝着目标运行，如果不需要考虑，就不考虑任何非最优步骤。

搜索算法对机器学习和游戏开发等人工智能系统非常有用，在这些系统中，角色需要穿越复杂的地形和障碍才能找到玩家。

12.3 伪代码

在开始伪代码之前，我们需要解释节点结构。每个节点有三个属性 f、g 和 h，这些属性是下式的参数。

$$f(n) = g(n) + h(n)$$

式中，f 是总体代价；g 是从起始节点开始的实际代价；h 是到目标节点的估计代价。

12.4 Networkx 的 astar 算法

astar_path(G, source, target, heuristic=**None**, weight= 'weight ')

12.4.1 输入

第 1 个输入参数 G：是一个 Networkx 图。

第 2 个参数 source：是最短路径的源节点。

第 3 个参数 target：是最短路径的目标节点。

第 4 个参数 heuristic：是一个启发式函数，用于评估从节点到目标的距离估计值。该函数接受两个节点参数，必须返回一个数字。

第 5 个参数 weight：表示应该用作边权值的边属性。如果没有指定，则所有边的权值将为 1。

12.4.2 输出

该方法的输出是一个节点列表。

```python
import networkx as nx
import matplotlib.pyplot as plt

def dist (a, b):
    (x1, y1) = a
    (x2, y2) = b
    return ((x1 - x2) ** 2 + (y1 - y2) ** 2) ** 0.5

G = nx.grid_graph(dim= [3, 3])   # nodes are two-tuples (x,y)
```

```
nx.set_edge_attributes(G, {e: e[1][0] * 2 for e in G.edges()}, "cost") path = nx.astar_path(G, (0, 0), (2, 2), heuristic=dist, weight="cost")
    length = nx.astar_path_length(G, (0, 0), (2, 2), heuristic=dist, weight="cost")
    print ("Path: ", path)
    print ("Path length: ", length)
```

```
pos = nx.spring_layout(G)
    nx.draw(G, pos, with_labels=True, node_color="#f86e00")
    edge_labels = nx.get_edge_attributes(G, "cost")
    nx.draw_networkx_edge_labels(G, pos, edge_labels=edge_labels)
    plt.show ()
```

```
Path:   [(0, 0), (0, 1), (0, 2), (1, 2), (2, 2)]
    Path length:   6
```

第一个输出表示从点(0,0)到点(2,2)的最短路径（见图 12-1）。第二个输出是最短路径的长度。

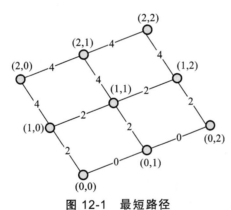

图 12-1　最短路径

第 13 章 minimax 算法及 α-β 剪枝

13.1 实验说明

minimax 算法及 α-β 剪枝（见图 13-1）常用于回合制游戏，如国际象棋。
本章实验将开展 minimax 算法及 α-β 剪枝的相关实践内容。

13.2 实验内容

13.2.1 minimax 算法

对问题进行如下简化：

（1）白点代表白方，黑点代表黑方。

（2）假定只有两种 MOVE。

（3）游戏过程的树形可视化：两种 MOVE 形成两分支；轮到对方，可扩大树；直到比赛结束或停止。

（4）比赛结束态都在树的末端。

对叶节点（终态）做静态评估：

（1）无 MOVE，评估一方的局面如何。

（2）大值利于白，小值利于黑。

① 白方选择：评估值最大的 MOVE；

② 黑方选择：评估值最小的 MOVE。

1. minimax 算法示例

（1）不妨考虑左下角两个位置。其评估分别为 – 1 和+3。

（2）轮到白方移动。因白方会选择导致最大值的 MOVE，所以选择最高评价 3。

（3）再看中间这两个位置。静态评估分别得到+5 和+1。

（4）还是一样，白方会选择能得到最高评价的+5。

（5）现在评估黑方移动，黑方选择此举将导致最低分评价，即值为 3……

2. minimax 算法的代码实现

minimax 的参数：

position：当前位置；

depth：深度，即想搜索的 MOVE 数；

maximizingPlayer：是否为最大化玩家。

```
def minimax (position, depth:int, maximizingPlayer:bool):
    #若深度为零或当前位置游戏结束
    if depth == 0 or GAME_OVER in position:
        #返回该位置的静态评估值。
        return position.static_evaluation()

        #若现在是最大化玩家的回合
    #本例中，意味着移动白色，那么试图获得最高的评价
        if maximizingPlayer is True:
            #创建 Max 变量，初始化为负无穷
    maxEval = -np.inf
            #循环遍历当前位置的所有子节点(一个动作可达的位置)
        #以找到每个子节点的值
    for child in position.children:
            #递归调用
                eval = minimax(child, depth-1, false)
                maxEval = max (maxEval, eval)
    #一旦评估了所有的孩子，可返回发现的最大值
    return maxEval
else:
    #对最小化玩家做了相同的事情
    minEval = np.inf
    for child in position.children:
        eval = minimax(child, depth - 1, true)
        minEval = min (minEval, eval)
    return minEval
```

13.2.2　α-β剪枝

某些情况下，当前状态β还不如先前选择的α好，则可跳过而不必进一步计算。

示例 13-1：再一次运行这个示例，看看如何使用剪枝来加速（见图 13-2）。

（1）我们知道白棋至少可以从这里得到 5，所以可以把这个位置标记为大于或等于 5。

（2）可以看到，黑棋不会从这条支路下去，因为已经有更好的选择。

（3）这个结果意味着不需要在计算最终位置上浪费任何计算。换句话说，已经把它从树中剪掉了。

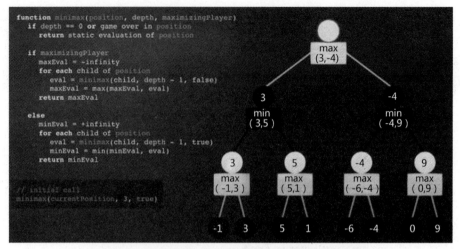

图 13-1 α-β剪枝算法示意图

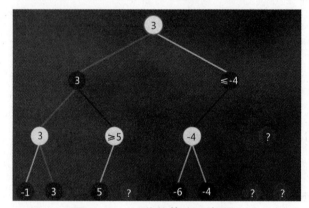

图 13-2 α-β剪枝算法示意图 1

（4）看右侧，我们知道这里的评价是小于或等于－4，现在可以确定白棋不会沿着这一分支，因为已经有一个更好的选择，所以删除这些位置可以看到搜索结果是完全一样的。

示例 13-2：快速浏览稍微深一点的树（见图 13-3）。

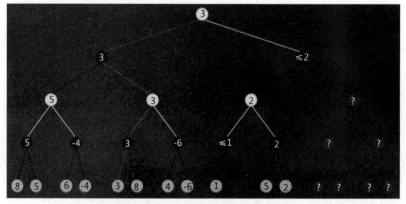

图 13-3 α-β剪枝算法示意图 2

（1）有趣的是，已经遍历了树的一半，还没能砍掉一个位置。

（2）所以修剪并不一定会发生，它很大程度上取决于移动的顺序理想情况下，对于处在那个位置的玩家，移动的顺序是从最好到最坏。

程序实现如图 13-4 所示。

```
if depth == 0 or game over in position
    return static evaluation of position

if maximizingPlayer
    maxEval = -infinity
    for each child of position
        eval = minimax(child, depth - 1, alpha, beta, false)
        maxEval = max(maxEval, eval)
        alpha = max(alpha, eval)
        if beta <= alpha
            break
    return maxEval

else
    minEval = +infinity
    for each child of position
        eval = minimax(child, depth - 1, alpha, beta, true)
        minEval = min(minEval, eval)
        beta = min(beta, eval)
    return minEval
```

图 13-4　α-β 剪枝算法代码

这是计算机第一次能够在常规时间控制下击败世界冠军。

13.2.3　实训内容

编写完整的 minimax 算法和 α-β 剪枝算法（见图 13-5），并编写测试用例，证明其有效性。

```
# minimax algorithm
# (请在此实现)
# alpha-beta pruning algorithm
# (请在此实现)
```

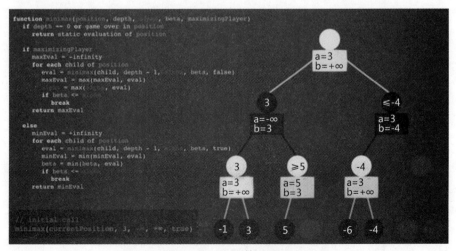

图 13-5　剪枝算法代码

第 14 章 基于 Neo4J 的知识图谱构建

14.1 实验说明

为构建知识图谱，需要借助相应的基础技术框架。本章选用 Neo4J 技术框架。后续是选做的验证型实验，感兴趣的同学可逐步展开实验。

14.2 Neo4J 简介

知识图谱由于其数据包含实体、属性、关系等，常见的关系型数据库诸如 MySQL 之类不能很好地体现数据的这些特点，因此知识图谱数据的存储一般是采用图数据库（Graph Databases）。而 Neo4J 是其中最为常见的图数据库。

Cypher 是 Neo4J 的声明式图形查询语言，允许用户不必编写图形结构的遍历代码，就可以对图形数据进行高效的查询。Cypher 的设计目的类似 SQL，适合于开发者以及在数据库上做点对点模式（Ad-Hoc）查询的专业操作人员。

其具备的能力包括：

（1）创建、更新、删除节点和关系；

（2）通过模式匹配来查询、修改节点和关系；

（3）管理索引和约束等。

14.3 Neo4J 的下载与安装

首先在 https://neo4j.com/download/下载 Neo4J。Neo4J 分为社区版和企业版。学习采用免费社区版即可。在 Mac 或者 Linux 中，安装好 jdk 后，直接解压下载好的 Neo4J 安装包，运行 bin/neo4j start。

14.4　Neo4J 的使用

Neo4J 提供 Web 界面进行配置、写入、查询、可视化等功能。

在浏览器中输入 http://127.0.0.1:7474/browser/，访问界面如图 14-1 所示。

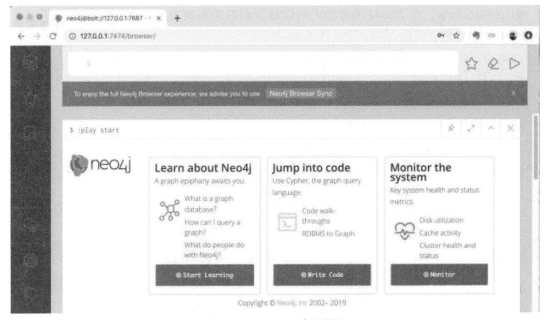

图 14-1　Neo4J 访问界面

访问如下在线课程，可以了解更多信息。

https://www.w3cschool.cn/neo4j/

14.5　Neo4J 实践案例

直接讲解 Cypher 的语法会非常枯燥，本章通过一个实际的案例来一步一步教读者使用
Cypher 来操作 Neo4J。

这个案例的节点主要包括人物和城市两类，人物和人物之间有朋友、夫妻等关系，人
物和城市之间有出生地等关系。

（1）删除数据库中的图，确保一个空白的环境进行操作：

MATCH (n) DETACH DELETE n

MATCH 是匹配操作，而小括号()代表一个节点 node（可理解为括号类似一个圆形），
括号里面的 n 为标识符。

（2）创建一个人物节点：

```
CREATE (n:Person {name:'John'}) RETURN n
```

CREATE 是创建操作；Person 是标签，代表节点的类型；花括号{}代表节点的属性，属性类似 Python 的字典。这条语句的含义就是创建一个标签为 Person 的节点，该节点具有一个 name 属性，属性值是 John。

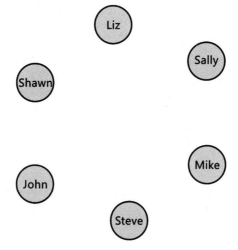

如图 14-2 所示，在 Neo4J 的界面上可以看到创建成功的节点。

图 14-2　创建节点

（3）继续创建更多的人物节点，并分别命名：

```
CREATE (n:Person {name:'Sally'}) RETURN n
CREATE (n:Person {name:'Steve'}) RETURN n
CREATE (n:Person {name:'Mike'}) RETURN n
CREATE (n:Person {name:'Liz'}) RETURN n
CREATE (n:Person {name:'Shawn'}) RETURN n
```

如图 14-3 所示，6 个人物节点创建成功。

图 14-3　创建更多节点

（4）创建地区节点：

```
CREATE (n:Location {city: 'Miami ', state: 'FL '})
CREATE (n:Location {city: 'Boston ', state: 'MA '})
CREATE (n:Location {city: 'Lynn ', state: 'MA '})
CREATE (n:Location {city: 'Portland ', state: 'ME '})
CREATE (n:Location {city: 'San Francisco ', state: 'CA '})
```

可以看到，节点类型为 Location，属性包括 city 和 state。

如图 14-4 所示，共有 6 个人物节点、5 个地区节点，Neo4J 贴心地使用不同的颜色来表示不同类型的节点。

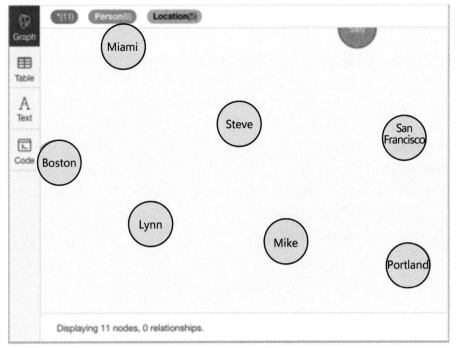

图 14-4　地区节点

（5）创建关系：

```
MATCH (a:Person {name: 'Liz '}),
(b:Person {name: 'Mike '})
MERGE (a)- [:FRIENDS]-> (b)
```

这里的方括号[]即为关系，FRIENDS 为关系的类型。注意这里的箭头-->是有方向的，表示是从 a 到 b 的关系。如图 14-5 所示，Liz 和 Mike 之间建立了 FRIENDS 关系，通过 Neo4J 的可视化很明显地可以看出。

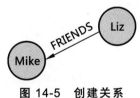

图 14-5　创建关系

（6）关系也可以增加属性：

```
MATCH (a:Person {name: 'Shawn '}),
(b:Person {name: 'Sally '})
MERGE (a)- [:FRIENDS {since:2001}]-> (b)
```

在关系中，同样使用花括号{}来增加关系的属性，也是类似 Python 的字典，这里给 FRIENDS 关系增加了 since 属性，属性值为 2001，表示它们建立朋友关系的时间。

（7）增加更多的关系：

MATCH (a:Person {name: 'Shawn '}), (b:Person {name: 'John '}) MERGE (a)- [:FRIENDS
↪{since:2012}]-> (b)

MATCH (a:Person {name: 'Mike '}), (b:Person {name: 'Shawn '}) MERGE (a)- [:FRIENDS
↪{since:2006}]-> (b)

MATCH (a:Person {name: 'Sally '}), (b:Person {name: 'Steve '}) MERGE (a)- [:FRIENDS↪
{since:2006}]-> (b)

MATCH (a:Person {name: 'Liz '}), (b:Person {name: 'John '}) MERGE (a)- [:MARRIED
↪{since:1998}]-> (b)

如图 14-6 所示，人物关系图已建立好。

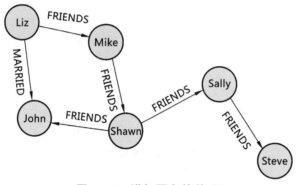

图 14-6　增加更多的关系

（8）建立不同类型节点之间的关系-人物和地点的关系：

MATCH (a:Person {name: 'John '}), (b:Location {city: 'Boston '}) MERGE (a)- [:BORN_IN↪
{year:1978}]-> (b)

这里的关系是 BORN_IN，表示出生地，同样有一个属性，表示出生年份。

如图 14-7 所示，在人物节点和地区节点之间人物出生地关系已建立好。

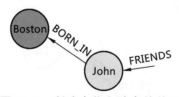

图 14-7　创建人物和地点的关系

（9）同样地建立更多人的出生地：

MATCH (a:Person {name: 'Liz '}), (b:Location {city: 'Boston '}) MERGE (a)- [:BORN_IN
↪{year:1981}]-> (b)

MATCH (a:Person {name: 'Mike '}), (b:Location {city: 'San Francisco '}) MERGE (a)-
[:BORN_↪IN {year:1960}]-> (b)

MATCH (a:Person {name: 'Shawn '}), (b:Location {city: 'Miami '}) MERGE (a)- [:BORN_IN
↪{year:1960}]-> (b)

MATCH (a:Person {name: 'Steve '}), (b:Location {city: 'Lynn '}) MERGE (a)- [:BORN_IN
↪{year:1970}]-> (b)

建好以后，整个图谱如图 14-8 所示。

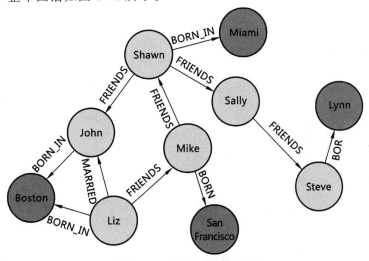

图 14-8　整个图谱的情况

（10）至此，知识图谱的数据已经插入完毕，可以开始做查询了。查询所有在 Boston 出生的人：

MATCH (a:Person)- [:BORN_IN]-> (b:Location {city: 'Boston '}) RETURN a,b

查询结果如图 14-9 所示。

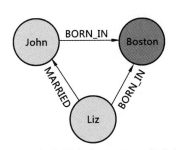

图 14-9　查询所有在 Boston 出生的人

（11）查询所有对外有关系的节点：

MATCH (a)--> () RETURN a

注意这里箭头的方向，返回结果不含任何地区节点，因为地区并没有指向其他节点（只是被指向），如图 14-10 所示。

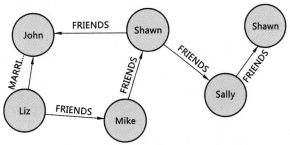

图 14-10　查询所有对外有关系的节点

（12）查询所有有关系的节点：

MATCH (a)-- () RETURN a

查询结果如图 14-11 所示。

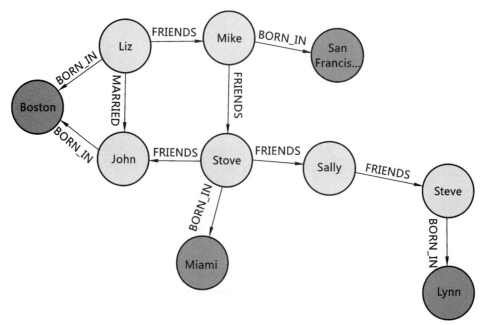

图 14-11 查询有关系的节点

（13）查询所有对外有关系的节点以及关系类型：

MATCH (a)- [r]-> () RETURN a.name, type (r)

查询结果见表 14-1。

表 14-1 查询结果

a.name	type(r)
″ Steve″	″ BORN_IN″
″ Mike″	″ BORN_IN″
″ Mike″	″ FRIENDS″
″ Sally″	″ FRIENDS″
″ Liz″	″ BORN_IN″
″ Liz″	″ MARRIED″
″ Liz″	″ FRIENDS″
″ Shawn″	″ BORN_IN″
″ Shawn″	″ FRIENDS″
″ Shawn″	″ FRIENDS″
″ John″	″ BORN_IN″

（14）查询所有有婚姻关系的节点：

MATCH (n)- [:MARRIED]- () RETURN n

查询结果如图 14-12 所示。

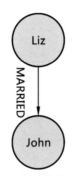

图 14-12　有婚姻关系的节点

（15）创建节点时候建好关系：

CREATE (a:Person {name: 'Todd ' })- [r:FRIENDS]-> (b:Person {name: 'Carlos ' })

结果如图 14-13 所示。

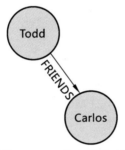

图 14-13　节点间关系

（16）查找某人的朋友的朋友：

MATCH (a:Person {name: 'Mike ' })- [r1:FRIENDS]- ()- [r2:FRIENDS]- (friend_of_a_friend) RETURN friend_of_a_friend .name AS fofName

返回 Mike 的朋友的朋友，结果见表 14-2。

表 14-2　查询结果

fofName
" John"
" Sally"

从图 14-14 中也可以看出，Mike 的朋友是 Shawn，Shawn 的朋友是 John 和 Sally。

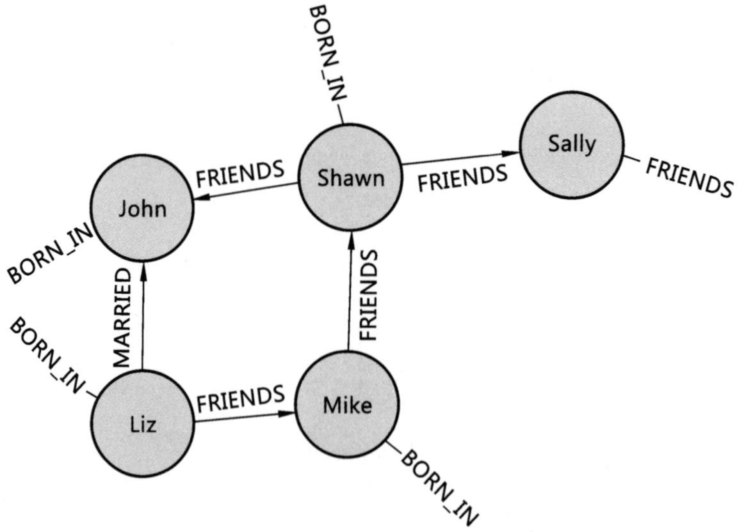

图 14-14 Mike 的朋友是 Shawn，Shawn 的朋友是 John 和 Sally

（17）增加/修改节点的属性：

MATCH (a:Person {name: 'Liz '}) SET a.age=34

MATCH (a:Person {name: 'Shawn '}) SET a.age=32

MATCH (a:Person {name: 'John '}) SET a.age=44

MATCH (a:Person {name: 'Mike '}) SET a.age=25

SET 表示修改操作。

（18）删除节点的属性：

MATCH (a:Person {name:'Mike'}) SET a.test='test'

MATCH (a:Person {name:'Mike'}) REMOVE a.test

删除属性操作主要通过 REMOVE

（19）删除节点：

MATCH (a:Location {city: 'Portland '}) DELETE a

删除节点操作是 DELETE。

（20）删除有关系的节点：

MATCH (a:Person {name: 'Todd '})- [rel]- (b:Person) DELETE a,b,rel

14.6 总 结

本章重点针对常见的知识图谱的图数据库 Neo4J 进行了介绍，并且采用一个实际的案例来说明 Neo4J 的查询语言 Cypher 的使用方法。

第四部分

机器学习

第 15 章 机器学习算法库

在 Python 下使用机器学习算法，首选 sklearn 库。

15.1 scikit-learn 框架

scikit-learn 简称 sklearn，是基于 Python 语言的机器学习库，具有以下特点：

（1）简单、高效的数据分析工具；

（2）可在多种环境中重复使用；

（3）建立在 Numpy、Scipy 及 Matplotlib 等数据科学库之上；

（4）开源且可商用的基于 BSD 许可。

scikit-learn 涵盖内容如图 15-1 所示。

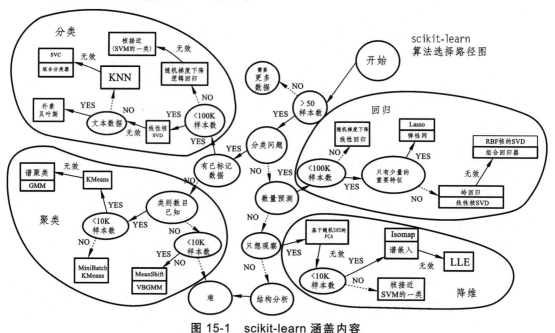

图 15-1 scikit-learn 涵盖内容

15.1.1 示例

示例 1：鸢尾花数据集

处理鸢尾花数据集示例程序：

```
#导入模块
from sklearn.model_selection import train_test_split
from sklearn import datasets
#k 近邻函数
from sklearn.neighbors import KNeighborClassifier
```

```
iris = datasets.load_iris()
#导入数据和标签
iris_X = iris.data
iris_y = iris.target
#划分为训练集和测试集数据
X_train, X_test, y_train, y_test = train_test_split(iris_X, iris_y, test_size=0.3)
#print(y_train)
#设置 knn 分类器
knn = KNeighborsClassifier()
#进行训练
knn.fit (X_train,y_train)
#使用训练好的 knn 进行数据预测
print (knn.predict(X_test))
print (y_test)
```

示例 2：Boston 房价

处理 Boston 房价示例程序：

```
#同样，首先调用模块
#matplotlib 是 python 专门用于画图的库
import matplotlib.pyplot as plt
from sklearn import datasets
#调用线性回归函数
from sklearn.linear_model import LinearRegression
```

```
#导入数据集
#这里将全部数据用于训练，并没有对数据进行划分
#示例 1 中将数据划分为训练和测试数据，后面会讲到交叉验证
loaded_data = datasets.load_boston()
data_X = loaded_data.data
data_y = loaded_data.target
#设置线性回归模块
model = LinearRegression()
#训练数据，得出参数
```

```
model.fit (data_X, data_y)
#利用模型，对新数据进行预测，并与原标签进行比较
print (model.predict(data_X[:4,:]))
print (data_y[:4])
```

15.1.2　加　速

Windows 64 位的 scikit-learn 包可以使用 scikit-learn-intelex 进行加速（可访问 https://intel.github.io/scikit-learn-intelex 了解更多信息）。

加速示例：

```
> conda install scikit-learn-intelex
> python -m sklearnex my_application.py
```

15.2　其他辅助库

在 Python 社区中，能找到各种针对特定领域的辅助库，可配合 scikit-learn 进行专业性的处理。例如：

Trimesh：专用于三角网格的处理；

Open3D：专用于三维点云的处理；

OpenCV：专用于图像数据的处理。

关于以上库的详细说明和使用方法，请在互联网中检索和查询相关内容，在此不再赘述。

第 16 章　K-means 及 PCA 实验

16.1　实验说明

（1）通过本实验，掌握 K-means 算法的基本原理，对 K-means 算法进行实践应用。实验形式主要为验证型。

（2）通过本实验，理解 PCA 降维的思路和原理，掌握 PCA 降维程序的设计方法。实验形式主要为综合型。

16.2　实验步骤

16.2.1　K-means 实验

用 pandas 读取啤酒数据集 e2.0_beer.txt。其中，啤酒数据集 e2.0_beer.txt 文件可以从课程网站下载。

```
# beer dataset
import pandas as pd
url = 'e2.0_beer.txt '
beer = pd.read_csv(url, sep=' ')
beer
```

name	calories	sodium	alcohol	cost		
0	Budweiser	144	15	4.7	0.43	
1	Schlitz	151	19	4.9	0.43	
2	Lowenbrau	157	15	0.9	0.48	
3	Kronenbourg		170	7	5.2	0.73
4	Heineken		152	11	5.0	0.77
5	Old_Milwaukee		145	23	4.6	0.28
6	Augsberger		175	24	5.5	0.40
7	Srohs_Bohemian_Style		149	27	4.7	0.42

8	Miller_Lite	99	10	4.3	0.43
9	Budweiser_Light	113	8	3.7	0.40
10	Coors	140	18	4.6	0.44
11	Coors_Light	102	15	4.1	0.46
12	Michelob_Light	135	11	4.2	0.50
13	Becks	150	19	4.7	0.76
14	Kirin	149	6	5.0	0.79
15	Pabst_Extra_Light	68	15	2.3	0.38
16	Hamms	139	19	4.4	0.43
17	Heilemans_Old_Style	144	24	4.9	0.43
18	Olympia_Goled_Light	72	6	2.9	0.46
19	Schlitz_Light	97	7	4.2	0.47

去掉数据中的 name 项，保留 calories、sodium、alcohol 和 cost 数据作为特征，将其命名为 X。

```
# define X
X = beer.drop( 'name ', axis=1)
```

建立 K-means 聚类器，使类别数为 3，并进行数据拟合。

其中，注意使 K-means 聚类器的对象名称为 km，以和后文程序适配。

```
# K-means with 3 clusters
#注意使 K-means 聚类器的对象名称为 km
#请在此实现应用 K-means 算法对啤酒数据进行聚类
```

将聚类结果传递给 pandas 数据框，并按类别排序，查看各个啤酒参与聚类的结果。

```
# save the cluster labels and sort by cluster
beer[ 'cluster '] = km.labels_
beer.sort_values(by= 'cluster ')
```

```
---------------------------------------------------------------------------
NameError          Traceback (most recent call last) ~\AppData\Local\Temp\ipykernel_16888\
3582407952.py in <module>
      1 # save the cluster labels and sort by cluster
----> 2 beer[ 'cluster '] = km.labels_
      3 beer.sort_values(by= 'cluster ')
NameError: name 'km' is not defined
```

查看聚类结果中各个簇的中心点坐标：

```
# review the cluster centers
km.cluster_centers_
```

用 pandas 查看各类别样本的坐标均值，并回答是否和先前计算相同？

答:

```
# calculate the mean of each feature for each cluster
beer.groupby( 'cluster ').mean()
```

```
# save the DataFrame of cluster centers
centers = beer.groupby( 'cluster ').mean()
```

聚类结果可视化:要求运行、阅读和理解以下程序,并通过添加注释或者 markdown cell 以说明每段代码的功能。

```
# allow plots to appear in the notebook
%matplotlib inline
import matplotlib.pyplot as plt
plt.rcParams[ 'font.size '] = 14
```

设置颜色信息:

```
# create a "colors" array for plotting
import numpy as np
colors = np.array([ 'red ', 'green ', 'blue ', 'yellow '])
```

绘制散点图:

```
# scatter plot of calories versus alcohol, colored by cluster (0=red, 1=green, 2=blue)
plt.scatter(beer.calories, beer.alcohol, c=colors[beer.cluster], s=50)

# cluster centers, marked by "+"
plt.scatter(centers.calories, centers.alcohol, linewidths=3, marker='+ ', s=300, c='black ')
# add labels

plt.xlabel( 'calories ')
plt.ylabel( 'alcohol ')
```

计算 silhouette score 指标:

```
# calculate SC for K=3
from sklearn import metrics
metrics.silhouette_score(X_scaled, km.labels_)
```

测试 K-means 聚类算法的 K 参数取值不同时,聚类效果的差异。其中,仍然以 silhouette score 指标评价聚类效果。

```
# calculate SC for K=2 through K=19
k_range = range (2, 20)
scores = []
for k in k_range:
    km = KMeans(n_clusters=k, random_state=1)
    km.fit (X_scaled)
    scores.append(metrics.silhouette_score(X_scaled, km.labels_))
```

绘制出 silhouette score 指标与 K 参数值之间的关系图：

```
# plot the results
plt.plot(k_range, scores)
plt.xlabel( 'Number of clusters ')
plt.ylabel( 'Silhouette Coefficient ')
plt.grid(True)
```

16.2.2 PCA 实验

此部分内容为选做。

请使用 PCA 算法将前文中的啤酒数据 X 降维到 2 维空间，绘制出降维之后的数据点，并计算降维导致的重建误差（参见 PCA 算法文档，提示着重看文档中的示例 Examples）。

```
#请在此给出程序代码
```

请在此对程序结果进行分析讨论。

实验结束。

第 17 章　K 近邻分类实验

17.1　实验说明

本实验旨在以电信企业数据为处理对象，建立 K 近邻算法的处理流程，使同学们在实践中强化对监督学习处理过程的认识。

17.2　实验概述

本实验为 K 近邻分类课程的配套实验。在完成 K 近邻分类课程讲述后，即可开展本实验。

在这个练习中，我们使用电信企业的客户流失数据集，e2.1_Orange_Telecom_Churn_Data.csv（存放在当前目录下）。先读入数据集，做一些数据预处理，随后使用 K 近邻模型根据用户的特点来预测其是否会流失。

17.3　实验步骤

第一步：读取数据。

（1）将数据集读入变量 data 中，并查看其前 5 行。

（2）去除其中的"state""area_code""phone_number"这 3 列。

```
#将数据集读入变量 data 中，并查看其前 5 行
```

```
#去除"state"，"area_code"和"phone_number" 3 列
```

第二步：转换数值。

有些列的值是分类数据，如'intl_plan'、'voice_mail_plan'、'churned'这 3 列，需要把它们转换成数值型数据。

```python
from sklearn.preprocessing import LabelBinarizer

lb = LabelBinarizer()

for col in [ 'intl_plan ', 'voice_mail_plan ', 'churned ']:
data[col] = lb.fit_transform(data[col])
data.head(5)
```

```
--------------------------------------------------------------------------------
NameError          Traceback (most recent call last) ~\AppData\Local\Temp\ipykernel_16040\
2594412870.py in <module>
      4
      5 for col in [ 'intl_plan ', 'voice_mail_plan ', 'churned ']:
----> 6       data[col] = lb.fit_transform(data[col])
      7 data.head(5)

NameError: name 'data' is not defined
```

第三步：数据生成和缩放。

（1）将除"churned"列之外的所有其他列的数据与"churned"列的数据分开，即创建两张数据表，X_data 和 y_data。

（2）使用课件中提到的某种尺度转换方法(scaling method)来缩放 X_data。

```
#生成 X_data 和 y_data
```

```
#缩放 X_data
```

第四步：创建模型。

创建一个 K=3 的 K 近邻模型，并拟合 X_data 和 y_data。

```
#创建一个 3NN 模型，并训练
```

第五步：测试。

用上一步训练好的 K 近邻模型预测相同的数据集，即 X_data，并评测预测结果的精度。

```
#预测并评价
```

第六步：改进。

（1）构建一个同样是 n_neighbors=3 的模型，但是用距离作为聚集 K 个近邻预测结果的权重。同样计算此模型在 X_data 上的预测精度。

（2）构建另一个 K 近邻模型：使用均匀分布的权重，但是将闵科夫斯基距离中的指数参数设为1(p=1)，即使用曼哈顿距离。

```
# n_neighbors=3, weights='distance'
```

```
# n_neighbors=3, p=1
```

第七步：评价。

（1）将 K 值从1变化到20，训练20个不同的 K 近邻模型。权重使用均匀分布的权重（缺省值）。闵科夫斯基距离的指数参数（p）可以设为1或者2（只要一致即可）。将每个模型得到的精度和其 K 值存到一个列表或字典中。

（2）将 accuracy 和 K 的关系绘成图表。当 K=1 时，你观察到了什么?为什么?

实验结束。

第 18 章　线性回归实验

18.1　实验说明

本实验旨在响应线性回归部分的学习内容。本实验为线性回归课程的配套实验，在完成线性回归课程学习后即可开展本实验。

在这个练习中，我们使用一个 Kaggle 竞赛中提供的共享单车的数据集：Bike Sharing Demand。该数据集包含 2011—2012 年 Capital Bikeshare 系统中记录的每日每小时单车的租赁数，以及相应的季节和气候等信息。

对实验数据的列说明如下：

- **datetime** - hourly date + timestamp
- **season** -
    - 1 = spring,
    - 2 = summer,
    - 3 = fall,
    - 4 = winter
- **holiday** - whether the day is considered a holiday
- **workingday** - whether the day is neither a weekend nor holiday
- **weather** -
    - 1: Clear, Few clouds, Partly cloudy, Partly cloudy；
    - 2: Mist + Cloudy, Mist + Broken clouds, Mist + Few clouds, Mist；
    - 3: Light Snow, Light Rain + Thunderstorm + Scattered clouds, Light Rain + Scattered clouds；
    - 4: Heavy Rain + Ice Pallets + Thunderstorm + Mist, Snow + Fog
- **temp** - temperature in Celsius
- **atemp** -" feels like" temperature in Celsius

- **humidity** - relative humidity
- **windspeed** - wind speed
- **casual** - number of non-registered user rentals initiated
- **registered** - number of registered user rentals initiated
- **count** - number of total rentals

18.2　实验步骤

第一步：读入数据。

```
# read the data and set the datetime as the index
import pandas as pd
bikes = pd.read_csv( 'e2.2_bikeshare.csv ', index_col= 'datetime ', parse_dates=True)
```

```
bikes.head()
```

datetime		season	holiday	workingday	weather	temp	atemp \
2011-01-01	00:00:00	1	0	0	1	9.84	14.395
2011-01-01	01:00:00	1	0	0	1	9.02	13.635
2011-01-01	02:00:00	1	0	0	1	9.02	13.635
2011-01-01	03:00:00	1	0	0	1	9.84	14.395
2011-01-01	04:00:00	1	0	0	1	9.84	14.395

Datetime		humidity	windspeed	casual	registered	count
2011-01-01	00:00:00	81	0.0	3	13	16
2011-01-01	01:00:00	80	0.0	8	32	40
2011-01-01	02:00:00	80	0.0	5	27	32
2011-01-01	03:00:00	75	0.0	3	10	13
2011-01-01	04:00:00	75	0.0	0	1	1

第二步：可视化数据。

（1）用 Matplotlib 画出温度"temp"和自行车租赁数"count"之间的散点图。

（2）用 seborn 画出温度"temp"和自行车租赁数"count"之间呈线性关系的散点图（提示：使用 seaborn 中的 lmplot 绘制）。

```
# matplotlib
```

```
# seaborn
import seaborn as sns
```

第三步：一元线性回归。

用温度作为自变量，预测自行车租赁数。

```
# create X and y
```

```
# import, instantiate, fit
```

```
# print the coefficients
```

第四步：探索多个特征（见图 18-1）。

```
# explore more features
feature_cols = [ 'temp ', 'season ', 'weather ', 'humidity ']
```

```
# using seaborn, draw multiple scatter plots between each feature in feature_cols and
'count'
```

```
# correlation matrix (ranges from 1 to -1)
bikes.corr()
```

	season	holiday	workingday	weather	temp	atemp	\
season	1.000000	0.029368	-0.008126	0.008879	0.258689	0.264744	
holiday	0.029368	1.000000	-0.250491	-0.007074	0.000295	-0.005215	
workingday	-0.008126	-0.250491	1.000000	0.033772	0.029966	0.024660	
weather	0.008879	-0.007074	0.033772	1.000000	-0.055035	-0.055376	
temp	0.258689	0.000295	0.029966	-0.055035	1.000000	0.984948	
atemp	0.264744	-0.005215	0.024660	-0.055376	0.984948	1.000000	
humidity	0.190610	0.001929	-0.010880	0.406244	-0.064949	-0.043536	
windspeed	-0.147121	0.008409	0.013373	0.007261	-0.017852	-0.057473	
casual	0.096758	0.043799	-0.319111	-0.135918	0.467097	0.462067	
registered	0.164011	-0.020956	0.119460	-0.109340	0.318571	0.314635	
count	0.163439	-0.005393	0.011594	-0.128655	0.394454	0.389784	

	humidity	windspeed	casual	registered	count
season	0.190610	-0.147121	0.096758	0.164011	0.163439
holiday	0.001929	0.008409	0.043799	-0.020956	-0.005393
workingday	-0.010880	0.013373	-0.319111	0.119460	0.011594
weather	0.406244	0.007261	-0.135918	-0.109340	-0.128655
temp	-0.064949	-0.017852	0.467097	0.318571	0.394454
atemp	-0.043536	-0.057473	0.462067	0.314635	0.389784
humidity	1.000000	-0.318607	-0.348187	-0.265458	-0.317371
windspeed	-0.318607	1.000000	0.092276	0.091052	0.101369
casual	-0.348187	0.092276	1.000000	0.497250	0.690414
registered	-0.265458	0.091052	0.497250	1.000000	0.970948
count	-0.317371	0.101369	0.690414	0.970948	1.000000

```
sns.heatmap(bikes.corr())
```

<AxesSubplot:>

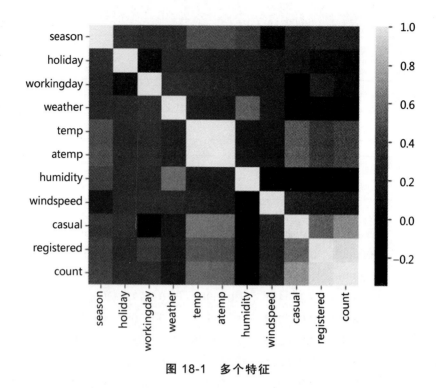

图 18-1　多个特征

第五步：用'temp'、'season'、'weather'、'humidity'四个特征预测单车租赁数'count'。

```
# create X and y
```

```
# import, instantiate, fit
```

```
# print the coefficients
```

第六步：使用 train/test split 和 RMSE 来比较多个不同的模型。

```
# compare different sets of features
feature_cols1 = [ 'temp ', 'season ', 'weather ', 'humidity ]
feature_cols2 = [ 'temp ', 'season ', 'weather ]
feature_cols3 = [ 'temp ', 'season ', 'humidity ]
```

18.3　处理类别特征

有两种类别特征：

有序类别值：转换成相应的数字值（例如：small=1, medium=2, large=3）。

无序类别值：使用 dummy encoding（0/1 编码）。

此数据集中的类别特征有：

有序类别值：weather（已经被编码成相应的数字值 1、2、3、4）。

无序类别值：season（需要进行 dummy encoding）、holiday（已经被 dummy encoded）、workingday（已经被 dummy encoded）。

```
# create dummy variables
season_dummies = pd .get_dummies(bikes .season, prefix= 'season ')

# print 5 random rows
season_dummies .sample(n=5, random_state=1)
```

datetime		season_1	season_2	season_3	season_4
2011-09-05	11:00:00	0	0	1	0
2012-03-18	04:00:00	1	0	0	0
2012-10-14	17:00:00	0	0	0	1
2011-04-04	15:00:00	0	1	0	0
2012-12-11	02:00:00	0	0	0	1

我们只需要 3 个 **dummy** 变量而不是 4 个，为什么？可以删除第 1 个 dummy 变量。

```
# drop the first column
season_dummies .drop(season_dummies .columns[0], axis=1, inplace=True)

# print 5 random rows
season_dummies .sample(n=5, random_state=1)
```

datetime		season_2	season_3	season_4
2011-09-05	11:00:00	0	1	0
2012-03-18	04:00:00	0	0	0
2012-10-14	17:00:00	0	0	1
2011-04-04	15:00:00	1	0	0
2012-12-11	02:00:00	0	0	1

```
# concatenate the original DataFrame and the dummy DataFrame (axis=0 means rows,
axis=1 means columns)
bikes = pd .concat([bikes, season_dummies], axis=1)

# print 5 random rows
bikes .sample(n=5, random_state=1)
```

datetime		season	holiday	workingday	weather	temp	atemp \
2011-09-05	11:00:00	3	1	0	2	28.70	33.335
2012-03-18	04:00:00	1	0	0	2	16.22	21.210

datetime						
2012-10-14	17:00:00	4	0	0	1	26.24	31.060
2011-04-04	15:00:00	2	0	1	1	31.16	33.335
2012-12-11	02:00:00	4	0	1	2	15.40	20.455

datetime		humidity	windspeed	casual	registered	count	season_2	\
2011-09-05	11:00:00	74	11.0014	101	207	308	0	
2012-03-18	04:00:00	94	11.0014	6	8	14	0	
2012-10-14	17:00:00	44	12.9980	193	346	539	0	
2011-04-04	15:00:00	23	36.9974	47	96	143	1	
2012-12-11	02:00:00	66	22.0028	0	1	1	0	

datetime		season_3	season_4
2011-09-05	11:00:00	1	0
2012-03-18	04:00:00	0	0
2012-10-14	17:00:00	0	1
2011-04-04	15:00:00	0	0
2012-12-11	02:00:00	0	1

将编码成的 dummy 变量加入回归模型的特征，预测单车租赁数：

```
# include dummy variables for season in the model
feature_cols = [ 'temp ', 'season_2 ', 'season_3 ', 'season_4 ', 'humidity ']
```

实验分析和结论：请在此和前面的模型进行比较。

实验结束。

第 19 章　逻辑回归实验

19.1　实验说明

本实验内容是逻辑回归算法，为线性回归课程的配套实验。在完成线性回归课程学习后即可开展本实验。需注意的是，逻辑回归虽然名叫回归，但实际服务于分类任务。

此次练习中，我们使用 Human Activity Recognition Using Smartphones 数据集。它通过对参加测试者的智能手机上安装一个传感器而采集了参加测试者每天的日常活动（ADL）。目标是将日常活动分成六类（ walking、walking upstairs、walking downstairs、sitting、standing、laying ）。

该数据集也可以在 Kaggle 网站上获得：https://www.kaggle.com/uciml/human-activity-recognition-with-smartphones/downloads/human-activity-recognition-with-smartphones. zip。

将训练文件重新命名为 e2.3_Human_Activity_Recognition_Using_Smartphones_Data.csv。

19.2　实验步骤

第一步：导入数据。

（1）查看数据类型——因为有太多的列，所以最好使用 value_counts。

（2）判断其中的小数数值是否需要尺度缩放。

（3）检查数据中各活动类型的划分。

（4）把活动类型标签编码成一个整数。

```
import pandas as pd
import numpy as np

filepath = 'e2.3_Human_Activity_Recognition_Using_Smartphones_Data.csv '
data = pd.read_csv(filepath)
```

FileNotFoundError　　　Traceback (most recent call last) ~\AppData\Local\Temp\ipykernel_14892\3655121989.py in <module>

3

4 filepath = 'e2 .3_Human_Activity_Recognition_Using_Smartphones_Data .csv '

----> 5 data = pd .read_csv(filepath)

~\anaconda3\lib\site-packages\pandas\util_decorators.py in wrapper(*args, ﹈ ↱**kwargs)

     309   stacklevel=stacklevel,

     310   )

--> 311   return func(*args, **kwargs)

     312   return wrapper

     313

~\anaconda3\lib\site-packages\pandas\io\parsers\readers.py in read_csv(filepath_or_↱ buffer, sep, delimiter, header, names, index_col, usecols, squeeze, prefix,﹈ ↱ mangle_dupe_cols, dtype, engine, converters, true_values, false_values, ﹈ ↱skipinitialspace, skiprows, skipfooter, nrows, na_values, keep_default_na, na_ ↱ filter, verbose, skip_blank_lines, parse_dates, infer_datetime_format, keep_date_↱ col, date_parser, dayfirst, cache_dates, iterator, chunksize, compression,﹈ ↱ thousands, decimal, lineterminator, quotechar, quoting, doublequote, escapechar,﹈↱ comment, encoding, encoding_errors, dialect, error_bad_lines, warn_bad_lines, on_ ↱bad_lines, delim_whitespace, low_memory, memory_map, float_precision, storage_ ↱options)

     676   kwds .update(kwds_defaults)

     677   return _read(filepath_or_buffer, kwds)

--> 678

     679

     680

~\anaconda3\lib\site-packages\pandas\io\parsers\readers.py in _read(filepath_or_Ⓖ buffer, kwds)

     573

     574   # Create the parser.

--> 575   parser = TextFileReader(filepath_or_buffer, **kwds)

     576

     577   if chunksize or iterator:

~\anaconda3\lib\site-packages\pandas\io\parsers\readers.py in __init__ (self, f, ﹈↱engine, **kwds)

     930

     931   self .handles: IOHandles | **None** = **None**

--> 932   self ._engine = self ._make_engine(f, self .engine)

     933

     934   def close (self):

~\anaconda3\lib\site-packages\pandas\io\parsers\readers.py in _make_engine (self, f,↱ engine)

    1214   # "Union[str, PathLike[str], ReadCsvBuffer[bytes], ﹈↱ReadCsvBuffer[str]]"

    1215   # , "str", "bool", "Any", "Any", "Any", "Any", "Any"

```
-> 1216          self .handles = get_handle(   # type: ignore[call-overload]
   1217                 f,
   1218                 mode,
```

~\anaconda3\lib\site-packages\pandas\io\common.py in get_handle(**path_or_buf, mode,
⌐ʼencoding, compression, memory_map, is_text, errors, storage_options)**

```
   784          if ioargs.encoding and "b" not in ioargs.mode:
   785              # Encoding
--> 786          handle = open (
   787                  handle,
   788                  ioargs.mode,
```

FileNotFoundError: [Errno 2] No such file or directory: 'e2.3_Human_Activity_ 🄖
Recognition_Using_Smartphones_Data.csv'

除了活动标签列处，所有列的数据类型都是浮点数。

```
data.dtypes.value_counts()
```

```
data.dtypes.tail()
```

数据全部被缩放到 – 1 ~ 1。

```
data.iloc[:, :-1].min().value_counts()
```

```
data.iloc[:, :-1].max().value_counts()
```

检查数据中各活动类型的划分——已经比较平衡了。

```
data.Activity.value_counts()
```

Scikit learn 的分类器不接受一个稀疏矩阵作为预测列。所以，可以使用 LabelEncoder 将活动标签编码为整数。

```
from sklearn.preprocessing import LabelEncoder

le = LabelEncoder()
data[ 'Activity '] = le.fit_transform(data.Activity)
data[ 'Activity '].sample(5)
```

第二步：划分训练数据和测试数据。

可以考虑使用 Scikit-learn 中的 StratifiedShuffleSplit，以保证划分后的数据集中每个类别个案的比例与整个数据集相同。

```
feature_cols = data.columns[:-1]

from sklearn.model_selection import StratifiedShuffleSplit
```

```
# Get the split indexes
strat_shuf_split = StratifiedShuffleSplit(n_splits=1,test_size=0.3, random_state=42)

train_idx, test_idx = next (strat_shuf_split.split(data[feature_cols], data.Activity))

# Create the dataframes
X_train = data.loc[train_idx, feature_cols]
y_train = data.loc[train_idx, 'Activity ']
```

```
X_test    = data.loc[test_idx, feature_cols]
y_test    = data.loc[test_idx, 'Activity ']
```

```
y_train.value_counts(normalize=True)
```

```
y_test.value_counts(normalize=True)
```

第三步：训练模型。

用所有特征训练一个基本的使用缺省参数的逻辑回归模型。

分别用 L1 和 L2 正则化来训练一个模型，使用交叉验证确定超参数的值。注意，正则化模型，尤其是 L1 模型可能需要一定的训练时间。

```
#请在此处填写代码(训练一个基本的使用缺省参数的逻辑回归模型)
```

```
from sklearn.linear_model import LogisticRegressionCV
# L1 正则化的逻辑回归
lr_l1 = LogisticRegressionCV(Cs=10, cv=4, penalty= 'l1 ', solver= 'liblinear ').fit(X_ train, y_train)
```

```
#请在此处填写代码( L2 正则化的逻辑回归)
```

第四步：绘图。

输出上面训练出的三个模型中每个特征的系数，并绘制成图，以比较它们的差异（每个类别一张图）。

```
#请在此处填写代码(输出各模型训练到的特征系数值)
```

```
#请在此处填写代码(绘制 6 张图)
```

第五步：预测数据。

将每个模型预测的类别和概率值都保存下来。

```
#请在此处填写代码
```

第六步：评价模型。

对每个模型分别计算以下各评测指标值：

（1）accuracy；

（2）precision；

（3）recall；

（4）fscore；

（5）confusion matrix。

#请在此处填写代码

实验结束。

第 20 章 朴素贝叶斯模型实验

20.1 实验说明

本实验为朴素贝叶斯模型课程的配套实验。本实验的目标是用朴素贝叶斯模型对 Yelp 网站的评论文本进行分类。朴素贝叶斯分类器是一种相当简单常见但又相当有效的分类算法，在监督学习领域有着很重要的应用。这个算法之所以叫作朴素贝叶斯，是因为其采用了属性条件独立假设，用通俗的话来讲，就是假定特征之间相互独立。

本实验内容选做，同学们可根据自身学习情况选择是否完成。

20.2 实验步骤

第一步：读入数据。

把 yelp.csv 读入一个 DataFrame 中。

```
# read csv
import pandas as pd

url = "e2.4_yelp.csv"
yelp = pd.read_csv(url)
yelp.head()
```

	business_id	date	review_id	stars \
0	9yKzy9PApeiPPOUJEtnvkg	2011-01-26	fWKvX83p0-ka4JS3dc6E5A	5
1	ZRJwVLyzEJq1VAihDhYiow	2011-07-27	IjZ33sJrzXqU-0X6U8NwyA	5
2	6oRAC4uyJCsJl1X0WZpVSA	2012-06-14	IESLBzqUCLdSzSqm0eCSxQ	4
3	_1QQZuf4zZOyFCvXc0o6Vg	2010-05-27	G-WvGaISbqqaMHlNnByodA	5
4	6ozycU1RpktNG2-1BroVtw	2012-01-05	1uJFq2r5QfJG_6ExMRCaGw	5

	text	type \
0	My wife took me here on my birthday for breakf...	review
1	I have no idea why some people give bad review...	review
2	love the gyro plate. Rice is so good and I als...	review

3	Rosie, Dakota, and I LOVE Chaparral Dog Park!!...		review	
4	General Manager Scott Petello is a good egg!!!...		review	

	user_id	cool	useful	funny
0	rLtl8ZkDX5vH5nAx9C3q5Q	2	5	0
1	0a2KyEL0d3Yb1V6aivbIuQ	0	0	0
2	0hT2KtfLiobPvh6cDC8JQg	0	1	0
3	uZetl9T0NcROGOyFfughhg	1	2	0
4	vYmM4KTsC8ZfQBg-j5MWkw	0	0	0

创建一个新的 DataFrame，只包含 5 星和 1 星评分的数据。

```
# filter data
```

第二步：生成分类特征 X 和类别 y。

使用评论文本作为唯一的分类特征，评分星数作为预测目标，并将数据集划分为训练集和测试集。

```
# define X and y
```

```
# split into training and testing sets
```

第三步：转换数据。

使用 CountVectorizer 将 X_train 和 X_test 转换为 document-term 矩阵。

```
# import and instantiate the vectorizer
```

```
# fit and transform X_train, but only transform X_test
```

第四步：训练、预测和评价。

使用朴素贝叶斯预测测试集中评论的星级评分，并计算预测精度。

```
# import/instantiate/fit
```

```
# make class predictions
```

```
# calculate accuracy
```

计算 AUC。注意：y_test 中的取值是 1 和 5，需要先把它转换为取值为 0 和 1 的二值数组 y_test_binary。

```
# create y_test_binary from y_test, which contains ones and zeros instead
```

```
# predict class probabilities
```

```
# calculate the AUC using y_test_binary and y_pred_prob
```

绘制 ROC 曲线。

```
%matplotlib inline
import matplotlib.pyplot as plt
```

```
# plot ROC curve using y_test_binary and y_pred_prob
```

显示混淆矩阵,并计算敏感度和特异性,评论结果。

```
# print the confusion matrix
```

```
# calculate sensitivity
```

```
# calculate specificity
```

对模型的敏感度和特异性做出评论。

第五步:错误分析。

查看测试集中一些被预测错误的评论文本,即 false positives 和 false negatives。试着回答为什么这些评论会被预测错误。

```
# first 10 false positives (meaning they were incorrectly classified as 5-star ↩reviews)
```

```
# first 10 false negatives (meaning they were incorrectly classified as 1-star ↩reviews)
```

第六步:多分类预测。

使用所有的评论做预测,而不仅仅是评分为 1 星和 5 星的评论。

```
# define X and y using the original DataFrame
```

```
# split into training and testing sets
```

```
# create document-term matrices
```

```
# fit a Naive Bayes model
```

```
# make class predictions
```

```
# calculate the testing accuary
```

```
# print the confusion matrix
```

请在此写出您对本实验的心得和评价。

实验结束。

第 21 章　复杂数据类型

21.1　实验说明

在机器学习中，处理对象除了预先整理的特征数据，还可能包含各种传感器信号级的原始数据，如三维点云数据、三角网格数据等。

在本实验中，我们尝试使用三维点云数据、三角网格数据等进行机器学习算法实验。

21.1.1　安装 Trimesh

Trimesh 即为 triangular meshes，其含义即为三角网格。Trimesh 库是用 Python 编写的三角网格处理函数库，在计算机图形学、计算机视觉等领域有重要作用。Trimesh 的官网网址：

```
https://trimsh.org
```

通常使用如下 PyPI 命令进行安装：

```
pip install trimesh
```

21.1.2　安装 Open3D 库

与 Trimesh 库类似，Open3D 也是处理三维数据的。但不同之处在于，Open3D 关注三维点云数据。Open3D 后端是用 C++实现的，因此其效率更有保证。Open3D 的官网网址：

```
www.open3d.org
```

其安装同样可以通过 PyPI 来进行：

```
pip install open3d
```

21.2　实验内容

21.2.1　基于 Trimesh 的 3D 网格数据

```
import trimesh
import numpy as np
```

```
# load a large- ish PLY model with colors
mesh = trimesh.load( './bunny.ply ')
```

```
mesh is not None
```

True

```
#检查网格模型密闭性
mesh.is_watertight
```

False

```
# what's the euler number for the mesh?
mesh.euler_number
```

77

```
# create a scene containing the mesh and two sets of points
#scene = trimesh .Scene([mesh,])

# show the scene wusing
# if there are multiple bodies in the mesh we can split the mesh by
# connected components of face adjacency
# since this example mesh is a single watertight body we get a list of one mesh
#mesh .split()
mesh.show ()
```

<IPython.core.display.HTML object>

21.2.2 基于 Open3D 的点云数据

1. 简 介

Open3D 是一个开源库, 它支持处理 3D 数据的软件的快速开发。

Open3D 前端在 C++和 Python 中公开了一组精心设计的数据结构和算法。后端经过了高度优化, 并设置为并行化。

Open3D 的核心功能包括:

（1）三维数据结构；
（2）三维数据处理算法；
（3）场景重建；
（4）表面对齐；
（5）三维可视化；
（6）基于物理的渲染；
（7）使用 PyTorch 和 TensorFlow 支持 3D 机器学习；
（8）核心 3D 操作的 GPU 加速；
（9）支持 C++和 Python。

2. 安装

在命令行下输入：

```
# Install
> pip install open3d
```

3. 试用

```
# Verify installation
python -c "import open3d as o3d; print(o3d.__version__)"

# Python API
python -c "import open3d as o3d; \
        mesh = o3d.geometry.TriangleMesh.create_sphere(); \
        mesh.compute_vertex_normals(); \
        o3d.visualization.draw(mesh, raw_mode=True)"

# Open3D CLI
open3d example visualization/draw
```

第五部分

深度学习

第 22 章 深度学习框架

深度学习的实验代码既具有共性，又具有一定难度，例如对梯度的计算。为了提高工作效率和降低难度，一些研究者写出了普遍适应性的深度学习代码框架，用计算图（Computation Graph）机制实现了梯度的反向自动推导，并将这些代码放在网上共享。随着时间的推移，精心设计的若干框架被大量使用，继而形成了当前百花齐放、百家争鸣的局面。目前，全世界最为流行的深度学习框架有 PaddlePaddle、Tensorflow、Caffe、Theano、MXNet、Torch 和 PyTorch 等。表 22-1 对 PaddlePaddle、Tensorflow 和 PyTorch 进行简要说明。

表 22-1

序号	框架名称	主要开发语言	主要维护者
1	PaddlePaddle	Python	百度
2	Tensorflow	Python	Google
3	PyTorch	Python	Facebook

对初学者而言，在开始深度学习实践之前，选择一个合适的框架是非常重要的，因为一个合适的框架能起到事半功倍的作用，也能够最快地接触到前沿的研究成果。

本章以 PyTorch 为基础进行介绍和开展实验。通过本章的学习和实验，可具备数据集准备、模型搭建、模型训练和模型发布的能力，进一步可以实现开发简单深度学习程序的能力。

22.1 PyTorch 深度学习框架

以下为 PyTorch 官方网站，其中给出了安装方式。

https://pytorch.org/

请到 PyTorch 官网下载相应的安装程序，并正确安装。如图 22-1 所示，在安装 PyTorch 时，需要确定 Python 的版本、操作系统类型和是否存在 CUDA 加速，从而下载正确的安装程序。

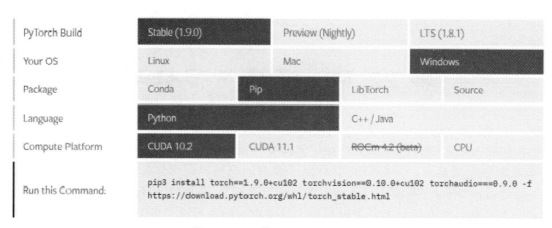

图 22-1 下载 PyTorch 的界面

安装时需注意考虑：

（1）操作系统（Windows、Linux 或 MacOs）；

（2）CPU 或 GPU，后者需安装 CUDA（指定版本）。注意显卡驱动、CUDA 和 PyTorch 需匹配。若无 CUDA，可以选 CPU 版本。

在官网上，选择适当安装方式后，将给出在线安装命令。例如，用 conda 命令安装 CUDA10.2 版本的 PyTorch：

```
conda install pytorch torchvision torchaudio cudatoolkit=10.2 -c pytorch
```

将其拷贝到命令行中执行即可。

因为 PyTorch 可能较大，如果官网下载速度慢，那么同样可以使用清华大学的镜像网站(参见前文)，可下载 whl 文件后离线安装。对 whl 文件而言，在下载完成后，使用 pip 安装即可。

22.2 HDF5 数据服务

深度学习任务下对大量数据访问的文件 IO 性能要求很高。有时甚至可能数据尺寸大于内存，此时直接读取文件已不可行，可借助 HDF5 数据服务机制。在 HDF5 数据服务下，文件 IO 委托

于 HDF5 来适时处理，可以突破磁盘文件和内存文件的概念。

下面简单介绍 HDF5 数据服务使用方式。

22.2.1 安装

```
pip install h5py
```

22.2.2　使用

h5py 文件是存放数据集（dataset）和组（group）对象的容器

（1）dataset 类似数组类的数据集合，和 NumPy 的数组差不多。

（2）group 是像文件夹一样的容器，它好比 Python 中的字典，有键（key）和值（value）。group 中可以存放 dataset 或者其他的 group。

创建一个 **h5py** 文件：

```
import h5py
#要是读取文件的话，可把 w 换成 r
f = h5py.File("myh5py.hdf5","w")
```

创建 **group**：

```
grp1 = f.create_group("/some/long/path")
grp2 = f[ '/some/long ']
```

创建 **dataset**：

```
>>> import h5py
>>> f=h5py.File("myh5py.hdf5","w")
>>> #deset1 是数据集的 name， (20,)代表数据集的 shape，i 代表数据集的元素类型
>>> d1=f.create_dataset("dset1", (20,), 'i ')
>>> for key in f.keys():
>>>        print (f[key].name)
>>>        print (f[key].shape)
>>>        print (f[key].value)
/dset
1
(20,)
[0 0 0 0 0 0 0 0 0 0 0 0 0 0 0 0 0 0 0 0]
```

第 23 章　张量(Tensors)初步

23.1　实验说明

23.1.1　实验目标

认识 PyTorch 的张量概念，初步掌握 PyTorch 的张量用法。

23.1.2　基础知识

张量（Tensor）是一种特殊的数据结构（可简单理解为高维数组），在使用方法上与数组或矩阵相似。在 PyTorch 中，使用张量来描述模型的输入、输出以及模型参数。

张量类似于 NumPy 的 ndarrays，并且张量可以在 GPU 上运行（或其他专用硬件），以实现加速计算。如果我们熟悉 numpy.ndarray，就很容易掌握 PyTorch 的 Tensor。

23.2　实验步骤

```
%matplotlib inline
```

```
import torch
import numpy as np
```

23.2.1　Tensor 初始化

张量可以通过多种方式进行初始化。

1. 直接来自数据

张量可以直接从数据中创建。数据类型是自动推断的。

```
data = [[1, 2],[3, 4]]
```

```
x_data = torch.tensor(data)
print (x_data)
```

```
tensor([[1, 2],
        [3, 4]])
```

2. 从 NumPy 数组创建

张量可以从 NumPy 数组创建（反之亦然）。

```
np_array = np.array(data)
x_np = torch.from_numpy(np_array)
```

3. 来自另一个张量

新张量保留参数张量的属性（形状、数据类型），除非显式重写。

```
x_ones = torch.ones_like(x_data) # retains the properties of x_data
print (f"Ones Tensor: \n {x_ones} \n")
x_rand = torch.rand_like(x_data, dtype=torch.float) # overrides the datatype of x_data
print (f"Random Tensor: \n {x_rand} \n")
```

```
Ones Tensor:
tensor([[1, 1],
        [1, 1]])
```

```
Random Tensor:
tensor([[0.6034, 0.0349],
        [0.7569, 0.1573]])
```

4. 使用随机或常量值

"shape" 是张量维数的元组。在下面的函数中，它确定输出张量的维数。

```
shape = (2,3,)
rand_tensor = torch.rand(shape)
ones_tensor = torch.ones(shape)
zeros_tensor = torch.zeros(shape)

print (f"Random Tensor: \n {rand_tensor} \n")
print (f"Ones Tensor: \n {ones_tensor} \n")
print (f"Zeros Tensor: \n {zeros_tensor}")
```

```
Random Tensor:
    tensor([[0.8129, 0.3526, 0.0679],
```

> [0.3739, 0.7296, 0.3180]])

Ones Tensor:

> tensor([[1., 1., 1.],
>   [1., 1., 1.]])

Zeros Tensor:

> tensor([[0., 0., 0.],
>   [0., 0., 0.]])

思考：采用以上各种方法创建 Tensor 时，其数据类型（即 .dtype 属性）是怎样的？

23.2.2 Tensor 的关键属性

张量的关键属性包括 shape、dtype 和 deivce，分别描述它们的形状、数据类型以及存储它们的设备，见表 23-1。

表 23-1 Tensor 的关键属性

属性	说明	示例
shape	张量的形状	(32, 100, 100)
dtype	张量的数据类型	torch.float
deivce	存储张量的设备	cpu 或 gpu

张量还有其他属性，但由于篇幅原因，在此不再展开讨论。

```
tensor = torch.rand(3,4)
print (f"Number of dimension: {tensor.ndim}")
print (f"Shape of tensor: {tensor.shape}")
print (f"Datatype of tensor: {tensor.dtype}")
print (f"Device tensor is stored on: {tensor.device}")
```

> Number of dimension: 2
> Shape of tensor: torch.Size([3, 4])
> Datatype of tensor: torch.float32
> Device tensor is stored on: cpu

思考：

（1）修改变量 tensor 的尺寸，重新执行，给出结果。

（2）根据结果分析和解释 tensor.ndim、tensor.shape、tensor.dtype 和 tensor. device 各是什么含义。

23.2.3　Tensor 操作

在官网文档 https://pytorch.org/docs/stable/torch.html 中，详尽地介绍了约百余个张量的运算函数，包括转置、索引、切片、数学运算、线性代数、随机抽样等。

需知晓的是，这些函数都可以在 GPU 上运行。在批量化运行时，GPU 运算速度通常比在 CPU 上运行的速度更快。

```
# We move our tensor to the GPU if available
if torch.cuda.is_available():
    tensor = tensor.to( 'cuda ')
```

请回答：

（1）使用张量的任意操作函数，并给出代码和效果。

（2）如果熟悉 NumPy API，你会发现 Tensor API 使用起来轻而易举。

23.2.4　类似 NumPy 的索引（indexing）和切片（slicing）

```
tensor = torch.ones(4, 4)
tensor[:,1] = 0
print (tensor)
```

```
tensor([[1., 0., 1., 1.],
        [1., 0., 1., 1.],
        [1., 0., 1., 1.],
        [1., 0., 1., 1.]])
```

请回答：

请用索引或切片操作，给出 tensor 的第一行、第一列和中间 2×2 的子矩阵。

23.2.5　合并 Tensor

合并 Tensor 有多种方式，如 torch.cat 和 torch.stack。

思考：请查阅文档，并用示例描述 torch.cat 和 torch.stack 各是什么方式合并，它们有何不同。

```
t1 = torch.cat([tensor, tensor, tensor], dim=1)
print (t1)
```

```
tensor([[1., 0., 1., 1., 1., 0., 1., 1., 1., 0., 1., 1.],
        [1., 0., 1., 1., 1., 0., 1., 1., 1., 0., 1., 1.],
```

```
[1., 0., 1., 1., 1., 0., 1., 1., 1., 0., 1., 1.],
[1., 0., 1., 1., 1., 0., 1., 1., 1., 0., 1., 1.]])
```

23.2.6 Tensors 相乘

```
# This computes the element-wise product
print (f"tensor.mul(tensor) \n {tensor.mul(tensor)} \n")
# Alternative syntax:
print (f"tensor * tensor \n {tensor * tensor}")
```

```
tensor.mul(tensor)
    tensor([[1., 0., 1., 1.],
            [1., 0., 1., 1.],
            [1., 0., 1., 1.],
            [1., 0., 1., 1.]])
tensor * tensor
    tensor([[1., 0., 1., 1.],
            [1., 0., 1., 1.],
            [1., 0., 1., 1.],
            [1., 0., 1., 1.]])
```

这将计算两个张量之间的矩阵乘法。

```
print (f"tensor.matmul(tensor.T) \n {tensor.matmul(tensor.T)} \n")
# Alternative syntax:
print (f"tensor @ tensor.T \n {tensor @ tensor.T}")
```

```
tensor.matmul(tensor.T)
    tensor([[3., 3., 3., 3.],
            [3., 3., 3., 3.],
            [3., 3., 3., 3.],
            [3., 3., 3., 3.]])
tensor @ tensor.T
    tensor([[3., 3., 3., 3.],
            [3., 3., 3., 3.],
            [3., 3., 3., 3.],
            [3., 3., 3., 3.]])
```

思考：请查阅文档，并结合示例说明以上两种乘法的区别。

23.2.7 就地（In-place）操作

就地操作是指操作的输入和输出都是同一个变量。例如，C 语言中的 x++和 y*=5 都属于就地操作。由于就地操作避免了内存拷贝，可以提升运算速度。

具有_后缀的成员函数即为就地操作。例如，x.copy_ (y)、x.t_ ()执行后都将更改变量 x。

```
print (tensor, "\n")
tensor.add_ (5)
print (tensor)
```

```
tensor([[1., 0., 1., 1.],
        [1., 0., 1., 1.],
        [1., 0., 1., 1.],
        [1., 0., 1., 1.]])
tensor([[6., 5., 6., 6.],
        [6., 5., 6., 6.],
        [6., 5., 6., 6.],
        [6., 5., 6., 6.]])
```

注意：就地操作虽然可节省一些内存，但在计算梯度时可能会出现问题。因为就地操作会丢失计算的历史。因此，不鼓励使用它们。

思考：请尝试使用 x.copy_ (y)函数，并说明其用法。

23.2.8 与 NumPy 间的转换

Torch 的 Tensor 可以和 NumPy 的 ndarray 互相转换。

若 Tensor 是在 CPU 上，那么其转换所得 NumPy 数组可与之共享其底层内存。也就是，更改其中一个将导致另一个也被更改。

Tensor 转为 NumPy array：

```
t = torch.ones(5)
print (f"t: {t}")
n = t.numpy()
print (f"n: {n}")
```

```
t: tensor([1., 1., 1., 1., 1.])
n: [1. 1. 1. 1. 1.]
```

张量的更改也反映在 NumPy 数组中。

```
t.add_ (1)
print (f"t: {t}")
```

```
print (f"n: {n}")
```

    t: tensor([2., 2., 2., 2., 2.])

    n: [2. 2. 2. 2. 2.]

NumPy 的 **array** 转为 **PyTorch** 的 **Tensor**：

```
n = np.ones(5)
t = torch.from_numpy(n)
```

更改 NumPy 数组也影响张量。

```
np.add(n, 1, out=n)
print (f"t: {t}")
print (f"n: {n}")
```

    t: tensor([2., 2., 2., 2., 2.], dtype=torch.float64)

    n: [2. 2. 2. 2. 2.]

思考：请查阅文档，了解如何复制 Tensor 或 ndarray，以避免内存共享时的干扰。请给出示例代码。

第 24 章 从 NumPy 到 Tensor

24.1 实验目标

（1）理解损失函数计算和梯度计算过程与框架机制；

（2）本实验为验证型实验，体会从 NumPy 到 Tensor、从手动梯度计算到自动梯度技术的过程。

24.2 实验步骤

载入相关库：

```
import numpy as np
import math
import matplotlib.pyplot as plt
```

24.2.1 NumPy 实现拟合

在正式开始讲解前，看一个使用 Numpy 的例子。

1. 给定数据

给定原始数据源自 sin 函数：

$$y = \sin(x),\ x \in [-T, T]$$

```
# Create random input and output data
x = np.linspace(-math.pi, math.pi, 2000)
y = np.sin(x)


plt.plot(x, y)
plt.grid(True)
```

绘图效果如图 24-1 所示。

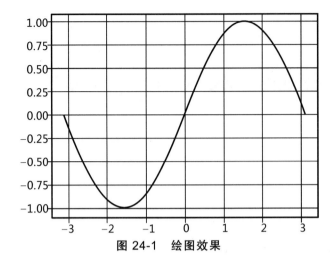

图 24-1 绘图效果

2. 用 3 阶多项式拟合

3 阶多项式表示为

$$y_{pred} = a + bx + cx^2 + dx^3$$

求 3 阶多项式系数 a、b、c、d。

设计代价函数

$$J(a,b,c,d) = \frac{1}{N} \sum (y_{pred} - y^2)$$
$$= \frac{1}{N} \sum (a + bx + cx^2 + dx^3 - y)^2$$

通过梯度下降法，使

$$\min J(a, b, c, d)$$

```
# Randomly initialize weights
a = np.random.randn()
b = np.random.randn()
c = np.random.randn()
d = np.random.randn()
```

思考：本例中的目标函数是什么？拟如何优化？

3. 在 NumPy 下手工实现梯度下降

```
learning_rate = 1e-6
for t in range (2000):
    # Forward pass: compute predicted y
    # y = a + b x + c x^2 + d x^3
    y_pred = a + b * x + c * x ** 2 + d * x ** 3
```

```
# Compute and print loss
loss = np.square(y_pred - y).sum()
if t % 100 == 99:
    print (t, loss)


# Backprop to compute gradients of a, b, c, d with respect to loss
grad_y_pred = 2.0 * (y_pred - y)
grad_a = grad_y_pred.sum()
grad_b = (grad_y_pred * x).sum()
grad_c = (grad_y_pred * x ** 2).sum()
grad_d = (grad_y_pred * x ** 3).sum()


# Update weights
a -= learning_rate * grad_a
b -= learning_rate * grad_b
c -= learning_rate * grad_c
d -= learning_rate * grad_d
print (f 'Result: y = {a} + {b} x + {c} x^2 + {d} x^3 ')
```

```
99 1902.3964035181343
199 1316.4125468891277
299 914.0843819735923
399 635.7019389495963
499 443.3549458172962
599 310.3155982809631
699 217.20362291048508
799 154.3650970082033
899 110.07881042501273
999 79.3274921534859
1099 57.95504573465833

1199 43.08787299449183
1299 32.73708185271559
1399 24.52473057199316
1499 19.49522378082484
```

1599 15.985231959631328

1699 14.533878332385118

1799 12.820662723941894

1899 11.622512084073694

1999 10.784034451855453

Result: y = -0 .04371208824291254 + 0 .8724590389579667 x + 0 .007541062594190429 x^2 ↲
↳+ -0 .09556616552986977 x^3

```
plt .plot(x, y, label='real ')
plt .plot(x, y_pred, label='pred')
plt .grid(True)
```

绘图效果如图 24-2 所示。

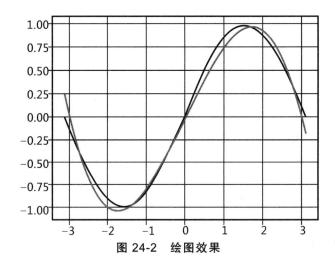

图 24-2　绘图效果

24.2.2　引入 PyTorch 的张量

PyTorch 的张量类似 NumPy 的 ndarray，但在 GPU 上可以快 50 倍左右。

这里用 Tensor 重新实现前文例子。

```
import torch
import math

dtype = torch .float
device = torch .device("cpu")
# device = torch .device("cuda:0") # Uncomment this to run on GPU
```

```
# Create random input and output data
```

```
x = torch.linspace(-math.pi, math.pi, 2000, device=device, dtype=dtype)
y = torch.sin(x)

# Randomly initialize weights
a = torch.randn((), device=device, dtype=dtype)
b = torch.randn((), device=device, dtype=dtype)
c = torch.randn((), device=device, dtype=dtype)
d = torch.randn((), device=device, dtype=dtype)

learning_rate = 1e-6
for t in range (2000):
    # Forward pass: compute predicted y
    y_pred = a + b * x + c * x ** 2 + d * x ** 3

    # Compute and print loss
    loss = (y_pred - y).pow(2).sum().item()
    if t % 100 == 99:
        print (t, loss)

    # Backprop to compute gradients of a, b, c, d with respect to loss
    grad_y_pred = 2.0 * (y_pred - y)
    grad_a = grad_y_pred.sum()
    grad_b = (grad_y_pred * x).sum()
    grad_c = (grad_y_pred * x ** 2).sum()
    grad_d = (grad_y_pred * x ** 3).sum()

    # Update weights using gradient descent
    a -= learning_rate * grad_a
    b -= learning_rate * grad_b
    c -= learning_rate * grad_c
    d -= learning_rate * grad_d

print (f 'Result: y = {a.item()} + {b.item()} x + {c.item()} x^2 + {d.item()} x^3 ')
```

```
99 685.7015991210938
199 458.8780822753906
299 308.16900634765625
399 208.00131225585938
```

499 141.40350341796875

599 97.10970306396484

699 67.63916015625

799 48.02359390258789

899 34.9621696472168

999 26.26101303100586

1099 19.461912155151367

1199 15.59504508972168

1299 14.015373229980469

1399 12.293420791625977

1499 11.1434326171875

1599 10.374905586242676

1699 9.861031532287598

1799 9.517181396484375

1899 9.286964416503906

1999 9.13271713256836

Result: y = -0.00914654497504234 + 0.8416527509689331 x + 0.0015776044456288218 x^2 + -0.09118423610925674 x^3

```
plt.plot(x.numpy(), y.numpy(), label='real ')
plt.plot(x.numpy(), y_pred.numpy(), label='pred')
plt.grid(True)
```

绘图效果如图 24-3 所示。

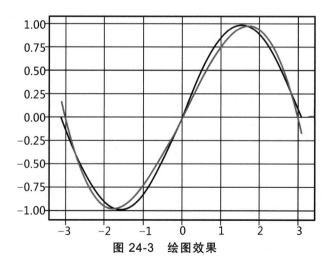

图 24-3 绘图效果

24.2.3　自动梯度计算（Autograd 机制）

前文例子中，我们必须手动计算多项式的梯度。事实上，PyTorch 可以帮我们完成该计算。

PyTorch 的 autograd 模块通过计算图功能实现了自动梯度计算，因此不必人工计算。同样重新编写前文例子。

```
a.grad is None
```

True

```python
import torch
import math

dtype = torch.float
device = torch.device("cpu")
```

```python
# device = torch .device("cuda:0")   # Uncomment this to run on GPU
# Create Tensors to hold input and outputs .
# By default, requires_grad=False, which indicates that we do not need to
# compute gradients with respect to these Tensors during the backward pass .
x = torch.linspace(-math.pi, math.pi, 2000, device=device, dtype=dtype)
y = torch.sin(x)

# Create random Tensors for weights . For a third order polynomial, we need
# 4 weights: y = a + b x + c x^2 + d x^3
# Setting requires_grad=True indicates that we want to compute gradients with # respect to
these Tensors during the backward pass .
a = torch.randn((), device=device, dtype=dtype, requires_grad=True)   # NEW!!! b = torch.randn((), device=device, dtype=dtype, requires_grad=True)
c = torch.randn((), device=device, dtype=dtype, requires_grad=True)
d = torch.randn((), device=device, dtype=dtype, requires_grad=True)

learning_rate = 1e-6
for t in range (2000):
    # Forward pass: compute predicted y using operations on Tensors .
    y_pred = a + b * x + c * x ** 2 + d * x ** 3
```

```
# Compute and print loss using operations on Tensors .
# Now loss is a Tensor of shape (1,)
# loss .item() gets the scalar value held in the loss .
loss = (y_pred - y).pow(2).sum()
if t % 100 == 99:
    print (t, loss.item())

# NEW!!!
# Use autograd to compute the backward pass . This call will compute the
# gradient of loss with respect to all Tensors with requires_grad=True .
# After this call a .grad, b .grad. c .grad and d.grad will be Tensors holding
# the gradient of the loss with respect to a, b, c, d respectively.
loss.backward()

# NEW!!!
# Manually update weights using gradient descent . Wrap in torch .no_grad()
# because weights have requires_grad=True, but we don't need to track this
# in autograd.
with torch.no_grad():
    a -= learning_rate * a.grad
    b -= learning_rate * b.grad
    c -= learning_rate * c.grad
    d -= learning_rate * d.grad

    # Manually zero the gradients after updating weights
    a.grad = None
    b.grad = None
    c.grad = None
    d.grad = None

print (f 'Result: y = {a.item()} + {b.item()} x + {c.item()} x^2 + {d.item()} x^3 ')

99 960.0331420898438
199 650.3966064453125
299 441.97027587890625
399 301.54400634765625
499 206.8441162109375
599 142.9194793701172
```

699 99.7264175415039

799 70.51178741455078

899 50.73143005371094

999 37.324649810791016

1099 28.22798728942871

1199 21.049043655395508

1299 16.847301483154297

1399 14.986910820007324

1499 13.03740406036377

1599 11.707221984863281

1699 10.79857063293457

1799 10.177157402038574

1899 9.75169563293457

1999 9.46005630493164

Result: y = -0.02063959836959839 + 0.8409859538078308 x + 0.0035606755409389734 x^2
+ -0.0910893976688385 x^3

24.2.4　PyTorch 的自动优化功能 optim

optim 模块自动优化的对象是 torch.nn.Module 及其派生类。

重新改写前文示例：

```
import torch
import math

# Create Tensors to hold input and outputs .
x = torch.linspace(-math.pi, math.pi, 2000)
y = torch.sin(x)

# Prepare the input tensor (x, x^2, x^3) .
p = torch.tensor([1, 2, 3])
xx = x.unsqueeze(-1).pow(p)
print (f"xx.shape:{xx.shape}")

# Use the nn package to define our model and loss function .
```

```
model = torch.nn.Sequential(
    torch.nn.Linear(3, 1),
    torch.nn.Flatten(0, 1)
)
loss_fn = torch.nn.MSELoss(reduction= 'sum ')

# Use the optim package to define an Optimizer that will update the weights of
```

```
# the model for us . Here we will use RMSprop; the optim package contains many other #
optimization algorithms. The first argument to the RMSprop constructor tells the # optimizer
which Tensors it should update .
learning_rate = 1e-3
optimizer = torch .optim .RMSprop(model .parameters(), lr=learning_rate)

for t in range (2000):
    # Forward pass: compute predicted y by passing x to the model .
    y_pred = model(xx)
    #print(y_pred.shape)
    #break

    # Compute and print loss .
    loss = loss_fn(y_pred, y)
    if t % 100 == 99 :
        print (t, loss .item())

    # Before the backward pass, use the optimizer object to zero all of the # gradients for
    the variables it will update (which are the learnable   # weights of the model) . This is
    because by default, gradients are      # accumulated in buffers( i .e, not overwritten)
    whenever .backward()   # is called. Checkout docs of torch .autograd.backward for
    more details .
    optimizer.zero_grad ()

    # Backward pass: compute gradient of the loss with respect to model
    # parameters
    loss .backward()
    # Calling the step function on an Optimizer makes an update to its
    # parameters
    optimizer .step()
```

```
linear_layer = model[0]
print (f 'Result: y = {linear_layer .bias .item()} + {linear_layer .weight[:, 0] .item()} x ↵+
{linear_layer .weight[:, 1] .item()} x^2 + {linear_layer .weight[:, 2] .item()} x^3 ')
```

xx .shape:torch .Size([2000, 3])
99 6866.8662109375

199 3438.7099609375
299 2714.8310546875
399 2400.89013671875
499 2102.63916015625

599 1820.1124267578125
699 1563.509521484375
799 1329.6761474609375
899 1117.0855712890625

999 927.4790649414062
1099 756.9356689453125
1199 605.7744140625
1299 473.448974609375

1399 359.5959167480469
1499 263.6257629394531
1599 184.98092651367188
1699 121.58014678955078
1799 75.75714111328125

1899 43.288509368896484
1999 22.320194244384766
Result: y = 0.0005199590814299881 + 0.7403757572174072 x + 0.0005199817242100835 x^2
+ -0.07631532847881317 x^3

思考：

（1）以上 4 种实现方法分别逐步做了哪些改进？

（2）从本实验中获得什么体会？分析 PyTorch 自动梯度计算机制带来的好处有哪些？

实验结束。

第 25 章 LeNet 模型定义和训练

25.1 实验目标

（1）初步掌握深度卷积神经网络（DCNN）模型构建方法；
（2）初步掌握深度卷积神经网络的训练技巧。

25.2 实验步骤

25.2.1 定义网络

首先定义一个 LeNet 网络：

```python
import torch
import torch.nn as nn     #类
import torch.nn.functional as F     #函数


class LeNet (nn.Module):
    def __init__ (self):
        super ().__init__ ()
        # 1 input image channel, 6 output channels, 5x5 square convolution
        # kernel
        self.conv1 = nn.Conv2d(1, 6, 5)   #通道: 1 => 6, kernel size: 5 self.conv2 =
        nn.Conv2d(6, 16, 5)
        # an affine operation: y = Wx + b
        self.fc1 = nn.Linear(16 * 5 * 5, 120)   # 5*5 from image dimension self.fc2 =
        nn.Linear(120, 84)
        self.fc3 = nn.Linear(84, 10)

    def forward (self, x):
        '''定义网络前馈的过程，而其反向推导则基于此自动进行
```

```
'''
# Max pooling over a (2, 2) window
x = F.max_pool2d(F.relu(self.conv1(x)), (2, 2))
# If the size is a square, you can specify with a single number
x = F.max_pool2d(F.relu(self.conv2(x)), 2)
x = torch.flatten(x, 1) # flatten all dimensions except the batch dimension x =
F.relu(self.fc1(x))
x = F.relu(self.fc2(x))
x = self.fc3(x)
return x


net = LeNet()
print (net)
```

```
LeNet(
    (conv1): Conv2d(1, 6, kernel_size=(5, 5), stride=(1, 1))
    (conv2): Conv2d(6, 16, kernel_size=(5, 5), stride=(1, 1))
    (fc1): Linear(in_features=400, out_features=120, bias=True)
    (fc2): Linear(in_features=120, out_features=84, bias=True)
    (fc3): Linear(in_features=84, out_features=10, bias=True)
)
```

思考：

（1）前文代码块中 nn.Conv2d 和 nn.Linear 分别是什么模块？

（2）nn.Conv2d 和 nn.Linear 在初始化时，其构造函数的参数是怎样的？

开发者只需要重新定义 nn.Module 类的 forward 成员函数（即前向传播），而无须定义 backward 成员函数（即反向传播）。在 forward 函数中，可以自由地使用任何张量运算。这是因为 autograd 计算图机制将自动化定义 backward 成员函数。

25.2.2　获取模型权重

在定义好神经网络（本例中即为 LeNet）后，通过 net.parameters()成员函数可获取该网络中可学习的参数（又称权重）。

所获取的权重可以交给 PyTorch 利用梯度计算机制统一更新。

```
params = list (net.parameters())
print (len (params))
print (params[0].size())   # conv1's .weight
#print(params)
```

10

torch.Size([6, 1, 5, 5])

25.2.3 测试输入与输出

让我们尝试一个随机的 32×32 输入。

注意：此网络 LeNet 的预期输入大小为 32×32。要将此网络用于 MNIST 数据集，请将数据集中的图像大小调整为 32×32。

```
input = torch.randn(1, 1, 32, 32)
out = net(input)
print (out)
```

tensor([[-0.0671, 0.1456, 0.0812, -0.1583, 0.0490, 0.0743, -0.0331, 0.0562, -0.0279, 0.0044]], grad_fn=<AddmmBackward0>)

思考：请在代码中测试，若输入不是（1, 1, 32, 32）尺寸的张量，会导致什么效果？将所有参数的梯度缓存清零，并用伪真值（随机值）计算损失并反向传播（BP）。

```
output = net(input)
target = torch.randn(10)    # a dummy target, for example
target = target.view(1, -1)    # make it the same shape as output
criterion = nn.MSELoss()

loss = criterion(output, target)
print (loss)
```

tensor(0.6075, grad_fn=<MseLossBackward0>)

至此，从 input 到 loss 计算过程，可以用如下计算图(computational graph)来表示：

```
input -> conv2d -> relu -> maxpool2d -> conv2d -> relu -> maxpool2d
-> flatten -> linear -> relu -> linear -> relu -> linear
-> MSELoss
-> loss
```

所以，当调用 loss.backward()时，整个计算图是可以求解导数的，即该网络中所有具有 requires_grad=True 属性的张量皆会计算其梯度，并保存于.grad 属性中。

25.2.4 反向推导 Backprop

要计算反向传播的梯度，我们所要做的就是调用 loss.backward()成员函数。

注意，需要预先清除已有的权重梯度值，否则权重的梯度值将是若干次梯度反向传播的累积值。

现在将调用 loss.backward()函数，并观察 conv1 梯度的前后变化。

```
net.zero_grad ()        # zeroes the gradient buffers of all parameters

print ( 'conv1.bias.grad before backward ')
print (net.conv1.bias.grad)

loss.backward()
```

```
print ( 'conv1.bias.grad after backward ')
print (net.conv1.bias.grad)
```

```
conv1.bias.grad before backward
None
conv1.bias.grad after backward
tensor([ 0.0036,   0.0052, -0.0199, -0.0057, -0.0120, -0.0030])
```

思考：说明前文代码块中，conv1 的梯度在 loss.backward()执行前后的变化，以及为什么会这样。

25.2.5　更新权重

实际中最简单的权重优化原则，即为随机梯度下降 Stochastic Gradient Descent (SGD)：

```
weight = weight - learning_rate * gradient
```

以下 Python 代码用来实现 SGD 功能：

```
learning_rate = 0.01
for f in net.parameters():
    f.data.sub_ (f.grad.data * learning_rate)
```

但是，当使用神经网络时，通常希望使用各种不同的权重优化规则，如 SGD、Nesterov-SGD、Adam、RMSProp 等。因此，前文所述代码在实际中并不常用。

为了实现这一点，需要用到 PyTorch 的包 torch.optim，其中可实现所有这些方法，使用非常简单。

```
import torch.optim as optim

# create your optimizer
optimizer = optim.SGD(net.parameters(), lr=0.01)

for i in range (10):
    # input = . . .
    # in your training loop:
    optimizer.zero_grad ()      # zero the gradient buffers
    output = net(input)
    loss = criterion(output, target)
    loss.backward()
    optimizer.step()         # Does the update
```

思考：请结合实验结果，解释前文代码块中 for 循环内每行代码的功能。

25.2.6　完整训练 LeNet 网络

参考 https://pytorch.org/tutorials/beginner/basics/quickstart_tutorial.html 在此执行一次完整的 LeNet 训练，并给出实验代码和效果。

本实验选做，同学们可以根据自身情况选择性完成。

```
#请在此给出 LeNet 训练的实验代码和结果
```

请在此分析实验结果和展开讨论。

实验结束。

第 26 章　基于 AlexNet 的图像分类

26.1　实验说明

26.1.1　实验目标

（1）加深对基于骨干网络的拓扑结构的认识；

（2）了解图像分类应用。

26.1.2　实验内容

（1）建立骨干网络；

（2）载入网络权重；

（3）给出网络输入，获取输出结果；

（4）解析结果含义。

26.1.3　背景知识

AlexNet 是 2012 年 ImageNet 竞赛冠军获得者 Hinton 和他的学生 Alex Krizhevsky 设计的。AlexNet 中包含若干新技术点，首次在 CNN 中成功应用了 ReLU、Dropout 和 LRN 等技术。AlexNet 把 CNN 的基本原理应用到了很深很宽的网络中，同时 AlexNet 也使用了 GPU 进行运算加速。也是在那年之后，更多的更深的神经网络被提出。可以说，AlexNet 是深度神经网络兴起的标志。

AlexNet 主要使用的新技术点：

（1）成功使用 ReLU 作为 CNN 的激活函数，并验证其效果在较深的网络超过了 Sigmoid，成功解决了 Sigmoid 在网络较深时的梯度弥散问题。虽然 ReLU 激活函数在很久之前就被提出了，但是直到 AlexNet 的出现才将其发扬光大。

（2）训练时使用 Dropout 随机忽略一部分神经元，以避免模型过拟合。Dropout 虽有单独的论文论述，但是 AlexNet 将其实用化，通过实践证实了它的效果。在 AlexNet 中主要是最后几个全连接层使用了 Dropout。

（3）在 CNN 中使用重叠的最大池化。此前 CNN 中普遍使用平均池化，AlexNet 全部使用最大池化，避免平均池化的模糊化效果。AlexNet 中提出让步长比池化核的尺寸小，这样池化层的输出之间会有重叠和覆盖，提升了特征的丰富性。

（4）提出了 LRN 层，对局部神经元的活动创建竞争机制，使得其中响应比较大的值变得相对更大，并抑制其他反馈较小的神经元，增强了模型的泛化能力。

（5）使用 CUDA 加速深度卷积网络的训练，利用 GPU 强大的并行计算能力，处理神经网络训练时大量的矩阵运算。AlexNet 使用了两块 GTX580 GPU 进行训练。

（6）数据增强，随机地从 256×256 的原始图像中截取 224×224 大小的区域（以及水平翻转的镜像），相当于增加了 $2 \times (256 - 224)^2 = 2\ 048$ 倍的数据量。

26.2　实 验 步 骤

```
import torch, torchvision
```

26.2.1　创建网络，载入权重

在 torchvision 库中，已经包含 AlexNet 的实现。由此我们只需调用其接口。

在执行 torchvision .models .alexnet(pretrained=True)时，其参数为 pretrained=True，因此系统将使用预训练的权重参数。如果是首次调用该函数，则系统将从网络上下载权重文件，并存于用户目录的.cache 目录中。

```
#载入 AlexNet
alexnet = torchvision .models .alexnet(pretrained=True)
```

C:\Users\Pt\anaconda3\lib\site-packages\torchvision\models_utils.py:208:
UserWarning: The parameter 'pretrained' is deprecated since 0.13 and may be removed in the future, please use 'weights' instead .
warnings .warn(
C:\Users\Pt\anaconda3\lib\site-packages\torchvision\models_utils.py:223:UserWarning:
Arguments other than a weight enum or `None` for 'weights' are deprecated since 0 .13 and may be removed in the future . The current behavior is equivalent to passing `weights=AlexNet_Weights .IMAGENET1K_V1`. You can also use `weights=AlexNet_Weights .DEFAULT` to get the most up-to-date weights .
warnings .warn(msg)

输出以查看 AlexNet 的内部信息：

```
print (alexnet)
```

AlexNet(
　(features): Sequential(

```
    (0): Conv2d(3, 64, kernel_size=(11, 11), stride=(4, 4), padding=(2, 2))
    (1): ReLU(inplace=True)
    (2): MaxPool2d(kernel_size=3, stride=2, padding=0, dilation=1, ceil_mode=False)
    (3): Conv2d(64, 192, kernel_size=(5, 5), stride=(1, 1), padding=(2, 2))
    (4): ReLU(inplace=True)
    (5): MaxPool2d(kernel_size=3, stride=2, padding=0, dilation=1, ceil_mode=False)
    (6): Conv2d(192, 384, kernel_size=(3, 3), stride=(1, 1), padding=(1, 1))
    (7): ReLU(inplace=True)
    (8): Conv2d(384, 256, kernel_size=(3, 3), stride=(1, 1), padding=(1, 1))
    (9): ReLU(inplace=True)
    (10): Conv2d(256, 256, kernel_size=(3, 3), stride=(1, 1), padding=(1, 1))
    (11): ReLU(inplace=True)
    (12): MaxPool2d(kernel_size=3, stride=2, padding=0, dilation=1, ceil_mode=False)
  )
  (avgpool): AdaptiveAvgPool2d(output_size=(6, 6))
  (classifier): Sequential(
    (0): Dropout(p=0.5, inplace=False)
    (1): Linear(in_features=9216, out_features=4096, bias=True)
    (2): ReLU(inplace=True)
    (3): Dropout(p=0.5, inplace=False)
    (4): Linear(in_features=4096, out_features=4096, bias=True)
    (5): ReLU(inplace=True)
    (6): Linear(in_features=4096, out_features=1000, bias=True)
  )
)
```

思考：

（1）第一次和第二次调用 torchvision.models.alexnet(pretrained=True)有何区别？参数 pretrained=True 是何含义？

（2）解释 print(alexnet)的输出信息。

（3）请参考文档，试着载入 AlexNet 之外的其他网络。

```
#用伪输入测试一下
x = torch.rand(1, 3, 224, 224)
y = alexnet(x)
print (y.shape)
```

torch.Size([1, 1000])

思考：

（1）以上代码中 x 的尺寸可否修改？

（2）y 的尺寸是什么？是何含义？

26.2.2　准备输入数据

将图像转化为 torch.tensor 数据类型，且尺寸为[B, C, H, W]，并且做若干随机变换。对后文的变换说明如下：

Line [1]：定义图像转换的类；

Line [2]：图像尺寸变换 256×256 像素；

Line [3]：随机裁剪 224×224 像素；

Line [4]：转化 PIL 为 PyTorch 的 Tensor；

Line [5-7]：通过均值方差，转化为规范化数据。

```
#准备 PIL 图像转为 Tensor 的变换模块
from torchvision import transforms
transform = transforms.Compose([              #[1]
    transforms.Resize(256),                   #[2]
    transforms.CenterCrop(224),               #[3]
    transforms.ToTensor(),                    #[4]
    transforms.Normalize(                     #[5]
        mean= [0.485, 0.456, 0.406],          #[6]
        std= [0.229, 0.224, 0.225]            #[7]
    )
])
```

利用 PIL 的 Image 库读取一张图片。注意确保输入的图片路径正确。若不能确定，可以用 os 库来检查，示例：

```
import os
…
assert os.path.isfile(path_to_image), path_to_image
```

```
from PIL import Image # PIL 是 python 的标注模块，用于图像读取
import cv2
import matplotlib.pyplot as plt
import numpy as np


img = Image.open("dog.jpg")
```

显示图片：

```
plt.imshow(img)
im = np.array(img)
im.shape
```

(371, 474, 3)

图片显示效果如图 26-1 所示。

图 26-1　图片显示效果

转化数据类型，并且将其转为批量形式(batch_size=1)。

需注意，网络模型的输入总是成批次的，若只有一个输入，则使批次数量为 1 即可。

```
img_t = transform(img)
print (img_t.shape, img_t.min())
batch_t = torch.unsqueeze(img_t, 0)
print (batch_t.shape)
```

torch.Size([3, 224, 224]) tensor(-2.1179)

torch.Size([1, 3, 224, 224])

思考：

（1）观测变换前后图像 im 和 img_t 的尺寸是如何变化的？

（2）torch.unsqueeze 是何功能？

26.2.3　图像分类

用模型进行分类之前，需将模型设置为 eval 模式。

```
alexnet.eval()
```

```
AlexNet(
    (features): Sequential(
        (0): Conv2d(3, 64, kernel_size=(11, 11), stride=(4, 4), padding=(2, 2))
        (1): ReLU(inplace=True)
        (2): MaxPool2d(kernel_size=3, stride=2, padding=0, dilation=1, ceil_mode=False)
        (3): Conv2d(64, 192, kernel_size=(5, 5), stride=(1, 1), padding=(2, 2))
        (4): ReLU(inplace=True)
        (5): MaxPool2d(kernel_size=3, stride=2, padding=0, dilation=1, ceil_mode=False)
        (6): Conv2d(192, 384, kernel_size=(3, 3), stride=(1, 1), padding=(1, 1))
        (7): ReLU(inplace=True)
        (8): Conv2d(384, 256, kernel_size=(3, 3), stride=(1, 1), padding=(1, 1))
        (9): ReLU(inplace=True)
        (10): Conv2d(256, 256, kernel_size=(3, 3), stride=(1, 1), padding=(1, 1))
        (11): ReLU(inplace=True)
        (12): MaxPool2d(kernel_size=3, stride=2, padding=0, dilation=1, ceil_mode=False)
    )
    (avgpool): AdaptiveAvgPool2d(output_size=(6, 6))
    (classifier): Sequential(
        (0): Dropout(p=0.5, inplace=False)
        (1): Linear(in_features=9216, out_features=4096, bias=True)
        (2): ReLU(inplace=True)
        (3): Dropout(p=0.5, inplace=False)
        (4): Linear(in_features=4096, out_features=4096, bias=True)
        (5): ReLU(inplace=True)
        (6): Linear(in_features=4096, out_features=1000, bias=True)
    )
)
```

输入一个 batch 的数据，得到 AlexNet 的输出：

```
out = alexnet(batch_t)
print (out.shape)
```

torch.Size([1, 1000])

思考：请对以下分类功能的代码进行注释，以详细解释输出变量 out 到其类别标签的过程。

```
_, index = torch.max(out, 1)
print (index)
percentage = torch.nn.functional.softmax(out, dim=1)[0] * 100
```

tensor([258])

读取标签：**int => str**，查看分类结果到底是什么。

```
with open ( 'imagenet1000_clsidx_to_labels.txt ', 'r ') as fp:
    label = fp.read()
    label = eval (label)
```

```
print (label[int (index[0])])
print (percentage[index[0]].item())
```

Samoyed, Samoyede

63.404781341552734

若是萨摩亚，则分类正确。

26.2.4　更多示例

使用更多图片进行分类尝试（见图 26-2 和图 26-3）。

```
img = Image.open("cat.jpg")
plt.imshow(img)
```

<matplotlib.image.AxesImage at 0x22987a83520>

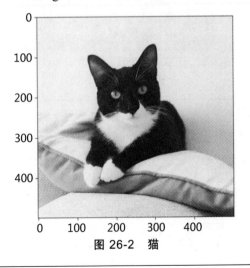

图 26-2　猫

```
img_t = transform(img)
batch_t = torch.unsqueeze(img_t, 0)
```

```
out = alexnet(batch_t)

_, index = torch.max(out, 1)
percentage = torch.nn.functional.softmax(out, dim=1)[0] * 100

print (label[int (index[0])])
print (percentage[index[0]].item())
```

Egyptian cat
42.54084396362305

```
img = Image.open("gold_fish.jpg")
plt.imshow(img)
```

<matplotlib.image.AxesImage at 0x22987ae26a0>

图 26-3 金鱼

```
img_t = transform(img)
batch_t = torch.unsqueeze(img_t, 0)

out = alexnet(batch_t)

_, index = torch.max(out, 1)
percentage = torch.nn.functional.softmax(out, dim=1)[0] * 100
```

```
print (label[int (index[0])])
print (percentage[index[0]].item())
```

goldfish, Carassius auratus

99.99774932861328

实验：自行收集图片，做分类测试，查看分类是否正确？

#请在此给出自行收集图片做分类测试的结果，并简要分析。

实验结束。

第六部分

综合训练

第 27 章 实训项目简介

轨道交通应用技术中，有众多领域需要引入人工智能，以提升其智能化水平。

现依托科研项目，汇编成以下轨道交通需求相关的若干实训项目。由于篇幅所限，本书中仅介绍"基于视觉的公里标定位"一个工程课题的实践训练内容。如需更多工程实践相关的实验素材，可参考本书的下册（提高版）的内容，其中包括 9 项综合性工程设计实践训练项目。

（1）基于神经网络的气温预测；

（2）基于 DEEPLABV3 的语义分割；

（3）基于 YOLOV3 的口罩佩戴检测；

（4）基于 FACENET 的人脸识别；

（5）弓网燃弧检测；

（6）牵引变电所异物入侵检测；

（7）运达地铁列车 360 外观检测；

（8）接触网吊弦缺陷识别；

（9）车载视频的曝光质量分析。

撰写本章的目的是在核心上落实新工科改革战略。人工智能工程实践创新主导的理论与实践相结合，是人工智能课程体系重构的基本原则。只有让学生在课程间始终接触工程实践，才可能实现"实践创新主导"。要实现这一目标，最难但也是最有价值的一步，就是在课程开始之初，同步开展面向实际问题的实验和实践训练。实践创新型指导思想下的人工智能工程教育，侧重于建立学生对工程问题与方法的亲身认知，因此让学生在开课前几周内就能开始实验，鼓励其"在工程中认知工程，在创新中认知创新"，让学生在学习尚未完全展开之前自主学习、勇于探索和试错，逐步建立知行合一的人工智能学习观。

为了使人工智能实践创新不断线，需将基础、专业、社会的相关知识充分融合在本章陈述的课程实践中，形成大工程体验，在工程创新过程中完成真正意义的学科交叉创新，从而创造人工智能工程化实践"事上磨"的机会，让学生在实践训练中把所学知识自然而然地融会贯通。人工智能天然具有跨学科的基因，可鼓励学生进行团队合作。实践创新支撑下的人工智能教育自然而然地强调项目式学习、探究式学习、自主学习、团队学习、线上和线下相结合的学习，形成多元化学习环境。更进一步地，关于人工智能道德主体的讨论是实验讨论的重要环节，引导学生形成正确的价值观、道德观和法律意识。教育的目标之本在于"传道"，之末在于"授业"。正所谓"吾生也有涯，而知也无涯"，知识积累并不是教育终极目标。人工智能的发展正在重新定义人类知识和能力的价值，而机械记忆知识点的教育将毫无价值。人工智能作为学习内容载体和路径形式，最终的目标应是让学生掌握基本原理、问题解决的思路与方法、培养批判性思维的科学精神及学习兴趣。

第 28 章 基于视觉的公里标定位

28.1 项目背景及目标

在机车行进过程中，需要获取所行驶的公里标信息。最常用的定位记录方式是采用GPS 或者北斗卫星，但是获取这些定位信号需要额外的传感器，并且在山区、隧道等复杂地质条件下存在一定的误差。实际上，对于熟悉线路的司机而言，仅凭一张观测图像，根据经验依然能正确判断是何处拍摄，即通过观察行车环境即可辨识出观测点与公里标的近似关系。反观人类以视觉为主的定位思维方式可知，行车观测图像内容本身已包含足够的定位信息。通过处理对所观察到的环境图像内容，可以将其映射到测到点的位置信息。

本实训项目的目标是，以学校中轴线为模拟处理对象，通过自行采集足够完备的数据，并以此为数据基础，拟合出环境图像到学校中轴线里程标的映射函数。在此基础上，可根据环境图像反算到拍摄点的位置坐标、方向角等额外信息。

28.2 数据采集及预处理

28.2.1 数据采集

为了实现本目标，需要建立一条模拟的线路。为方便实验本实训采用从 8 教到 7 教的学校中轴线为模拟的行车环境。西南交通大学犀浦校区平面图如图 28-1 所示。

图 28-1 西南交通大学犀浦校区平面图

本实训不提供数据，实验的数据由实训参与者自行采集。在采集数据过程中，可以任意角度向该线路上的任何区域进行拍摄，同时可记录拍摄的位置和角度。

28.2.2　数据预处理

本实训项目的数据要求：所有的图像大小应当缩放为 224×224。图像数据要求见表 28-1。

表 28-1　图像数据要求

序号	参数	值
1	图像宽度	224 像素
2	图像高度	224 像素
3	通道数	3 通道
4	位深度	8 位

28.2.3　像素标准化

图像像素规划采用 imagenet 方式及用 standard scalar 进行标准化转换，使其在统计意义上属于[– 1,1]的数量范围。

28.3　模型和算法设计

本实训项目为综合性训练，因此对实现设计目标所采用的算法不做限定，由实训参与者自行决定所需方法和处理流程。

但需注意，若采用人工提取特征，那么需在报告中说明特征类型及提取方式，以及特征提取算法的详细过程与参数设置；若采用深度学习方式自动获取特征，则应说明特征表达的尺寸和特征等重要超参数。

28.4　网络训练

本实训项目为综合性训练，因此对模型参数优化方式不做限定，由实训参与者自行决定所需方法和超参数。

需注意，若手动调节和优化参数，则需说明手工设置参数的依据和原理；若采用深度学习自动学习参数，则需说明包括优化器的参数设置、批处理的尺寸以及学习速率等。模型参数及其调节过程虽然由使用者自行决定，但应在报告中给予清晰说明。

28.5　测 试 与 验 证

在实训实施阶段，各小组自行拍摄测试数据集，并分别由各小组自行保管，互不通用。

在实训的结束阶段，各小组分别提供 10 张图片作为测试数据。各个小组的测试数据汇总后，作为测试数据集，对本实训各小组的结果进行验证和评价，并现场测试结果。

28.6　实 训 展 望

本实训除了完成相应的设计和编码任务，还需以小组为单位，撰写实训报告一份。实训报告的格式和撰写方式应参考相关学术论文。

本实验是典型的工业现场数据分析应用问题，同时本问题也属于图像-地理空间域映射的技术问题。通过开展本项目实训，可以建立复杂工程问题及其解决方案的基础认识；通过撰写实训报告，可以培养工程师思维和基础素养。实训中涌现的优秀模型和算法设计，也可能会提供广阔的探索空间和具有应用价值。

参考文献

[1]　董付国. Python 程序设计[M]. 3 版. 北京：清华大学出版社，2020.

[2]　严玉星，詹姆斯·严. Anaconda 数据科学实战[M]. 北京：人民邮电出版社，2020.

[3]　周元哲. 机器学习入门——基于 Sklearn[M]. 北京：清华大学出版社，2022.